滚动轴承性能退化评估与寿命预测

崔玲丽　王华庆　著

科学出版社

北京

内 容 简 介

　　本书结合作者团队在高端装备智能运维领域积累多年的研究成果与最新研究进展，以工程中常见的关键基础部件滚动轴承为研究对象，重点介绍滚动轴承动力学建模、性能退化程度评估和寿命预测方法，内容兼顾基础性、学术性和实用性，具有较强的可读性。

　　本书可作为高等学校机械类等工科专业高年级本科生和研究生的参考教材，也可供从事相关行业智能运维等方向的科研与工程技术人员参考。

图书在版编目（CIP）数据

滚动轴承性能退化评估与寿命预测/崔玲丽，王华庆著. —北京：科学出版社，2023.11

ISBN 978-7-03-076133-0

Ⅰ.①滚… Ⅱ.①崔… ②王… Ⅲ.①滚动轴承-性能衰降-研究 ②滚动轴承-产品寿命-预测-研究 Ⅳ.①TH133.33

中国国家版本馆 CIP 数据核字（2023）第 150327 号

责任编辑：张海娜　赵微微/责任校对：任苗苗
责任印制：赵　博/封面设计：蓝正设计

科学出版社 出版
北京东黄城根北街 16 号
邮政编码：100717
http://www.sciencep.com

北京厚诚则铭印刷科技有限公司印刷
科学出版社发行　各地新华书店经销
*
2023 年 11 月第 一 版　开本：720×1000　1/16
2024 年 4 月第二次印刷　印张：11 1/2
字数：229 000

定价：98.00 元
（如有印装质量问题，我社负责调换）

前　言

　　高端装备是能源、交通、航空航天等领域之重器，也是国家核心竞争力的重要标志。滚动轴承是高速列车、航空发动机、风力发电机等高端装备的核心基础部件之一，也是最薄弱和容易发生故障的环节，一旦发生故障，易造成巨大经济损失和人员伤亡，甚至灾难性事故。退化性能评估和寿命预测技术是预防故障以保障高端装备安全稳定长周期运行的关键技术，本书将滚动轴承动力学建模与信号处理方法及智能算法相结合，用于实现滚动轴承性能退化评估和寿命预测。

　　本书在作者团队多年研究成果的基础上整理而成，重点介绍滚动轴承动力学建模、性能退化程度评估和寿命预测方法。本书共 8 章。第 1 章概述轴承动力学模型、性能退化程度评估和寿命预测的研究现状；第 2 章介绍轴承动力学模型及响应；第 3 章介绍轴承性能退化程度评估方法；第 4 章介绍基于相似性优化匹配的寿命预测方法；第 5 章介绍基于时变卡尔曼滤波的预测方法；第 6 章介绍基于粒子滤波的预测方法；第 7 章介绍基于稀疏图学习的预测方法；第 8 章介绍基于机理-数据协同驱动双路径深度学习预测方法。

　　本书由崔玲丽和王华庆共同撰写。在书稿撰写过程中，北京工业大学的王鑫、李文杰、肖永昌，北京化工大学的韩长坤等做了大量工作，在此表示感谢。

　　本书的研究工作获得国家自然科学基金项目(52075008、52075030)、青年北京学者计划等项目资助，特此感谢。

　　由于本书涉及的学科与内容广泛，部分方法仍处于发展和完善阶段，同时限于作者水平，书中难免存在不妥之处，敬请各位专家和读者批评指正。

作　者

2023 年 7 月于北京

目　　录

第1章 绪 论

高端机械装备是能源、交通、航空航天等领域之重器，也是国家核心竞争力的重要标志，在国民生产生活中扮演越来越重要的角色。这些机械装备结构、功能复杂，工作环境恶劣，工况多变，长期运行中会逐渐老化，甚至发生故障，影响正常工作。机械装备预测与健康管理(prognostic and health management, PHM)是保障机械装备安全可靠运行的关键核心技术，主要包括状态监测、退化性能评估、故障诊断、寿命预测与维修决策等。国务院发布的《国家中长期科学和技术发展规划纲要(2006—2020年)》指出，把重大产品和重大设施寿命预测技术列为前沿技术之一[1]。国务院印发的《中国制造2025》，针对高档数控机床、轨道交通装备、大型成套技术装备等的性能稳定性、质量可靠性、使用寿命等指标提出达到国际同类产品先进水平的要求[2]。国家自然科学基金委员会工程与材料科学部发布的《机械工程学科发展战略报告(2021～2035)》指出，将机械结构强度与寿命关键技术列为研究前沿与重大科学问题[3]。因此，机械装备的性能评估与寿命预测是当前的研究热点和领域前沿。

滚动轴承作为机械工业关键基础部件，广泛应用于航空航天、冶金电力、汽车工业、精密机床等关乎国民经济和国防建设发展的各个领域。滚动轴承通常承受载荷、传递动力，是旋转机械中易发生故障的零部件之一，其运行状态对保障机械设备安全可靠运行具有举足轻重的作用[4,5]。退化性能评估和寿命预测技术是预防故障、保障高端装备安全稳定长周期运行的关键技术，本书将滚动轴承动力学建模与信号处理方法及智能算法相结合，用于实现轴承性能退化评估和寿命预测。

1.1 轴承动力学模型

PHM技术依赖设备的状态监测信号，通常在被监测零部件附近合适的位置安置传感器，采集能反映其工作状态的监测信号。在机械装备监测方面，振动信号的应用最为广泛。状态监测信号的质量和数量对最终剩余使用寿命(remaining useful life, RUL)预测的准确性和可信度有重要影响。通过分析信号所反映的退化行为与规律，为健康状态评估和RUL预测提供基础理论指导。然而在实际中，一般不允许重大装备发生失效，因此对全寿命周期的退化信号采集往往不充分。为此，通过计算机模拟方式仿真机械的退化数据，明晰其普遍退化规律，是一种可行的补充方案。例如，美国航空航天局(National Aeronautics and Space Administration，NASA)公开的涡扇发动机仿真退化数据集得到国内外 PHM 领域学者的广泛应用[6]。要实现该目标，需要明晰机械零部件的动力学退化机理。掌握动力学机理、明确振动响应特性是整个健康管理的根基，对后续健康指标(health indicator，HI)的建立也具有指导意义。但是目前对滚动轴承等关键零部件的长期动力学退化行为研究较少，揭示性能退化与动态响应映射机制的工作有待进一步研究。

掌握滚动轴承的退化过程与退化机理，明晰其损伤演变行为，可为提出合适的寿命预测方法提供理论依据，并有效提高寿命估计的准确性。为了充分掌握滚动轴承由故障引起的瞬时振动行为，许多学者建立了有效的动力学模型。研究较为广泛的一类模型是集中参数模型，它可模拟多种类型的轴承缺陷，如表面粗糙度、表面波纹度、凹痕、剥落等[7]。

滚动轴承动力学模型的发展呈现为从简单到复杂的过程。Fukata 等[8]首先提出了综合考虑内滚道非线性振动行为的两自由度质量-弹簧-阻尼模型，详细探讨了滚动轴承的振动现象，但并未研究故障轴承的振动行为。在该类模型基础上，学者们进行了更深入的扩展研究。Rafsanjani 等[9]建立了两自由度非线性模型，并对滚动轴承滚道表面的单一缺陷进行了数学建模，探究了故障轴承振动特征。Qin 等[10]同样基于两自由度动力学模型，根据缺陷表面形貌建立了半正弦位移激励函数，获得了对故障振动行为更精确的描述。Jiang 等[11]建立了四自由度非线性动力学模型，并考虑不同缺陷尺寸的三维几何形貌，提高了仿真振动响应的精确性。Sawalhi 等[12]则建立了五自由度动力学模型，通过引入一个额外的自由度，来表征轴承系统中特定的共振成分。胡爱军等[13]针对滚动轴承外圈多点故障建立五自由度动力学模型，并对振动响应特征进行了分析。Petersen 等[14]又将模型扩展为六自由度，并详细探究了周期性时变刚度对振动响应的影响。

除了模型自由度的复杂化，更多其他建模因素也被考虑进模型中，以使其尽可能反映真实的运转状况。Luo 等[15]深入探讨了保持架滑移和作用在滚动体上的摩擦力对轴承振动的影响。Liu 等[16]将保持架离散化，并考虑其与其他元件之间的非线性接触力、摩擦力等，构建了柔性保持架滑动模型。刘永强等[17]引入系统不平衡激励，对高速列车的圆锥滚子轴承进行动力学建模，并分析了转速、故障尺寸等对系统响应的影响。此外，还有学者关注到滚动体经过缺陷时二者所组成的碰撞冲击系统，并对此进行建模，进一步强化了模型的表示能力。Ahmadi 等[18]考虑了滚动体的质量，通过对每个滚动体进行运动学分析，进一步扩展了非线性动力学模型的自由度。Zheng 等[19]将滚动体和局部缺陷建模为碰撞冲击系统，并用其动能、势能等描述振动特性，最后统一至非线性弹质动力学模型中，获得了精确的振动响应。

上述模型都是针对滚道表面剥落缺陷进行的研究，此外，一些学者还对表面波纹度、表面粗糙度进行了建模。Harsha 等[20]将滚道表面波纹度假设为正弦波形，并建立波纹度激励模型。Cao 等[21]基于同样的模型，针对球面滚子轴承进行建模，并综合考虑了表面波纹度、径向间隙、表面缺陷等对系统响应的影响。Liu 等[22]则将波纹度导致的时变刚度也纳入模型中，获得了更精确的振动响应。刘静等[23]考虑到圆锥滚子轴承内圈挡边的表面波纹度，对其进行动力学建模。刘国云等[24]充分考虑到轴承内、外圈以及滚子表面波纹度的影响，对轴承系统进行动力学建模，并分析了波纹度参数对振动响应的影响。Ho 等[25]将粗糙度轮廓设为球形，且假设粗糙度高度服从正态分布，通过分析粗糙度间的碰撞来研究振动响应，但该研究没有使用上述广泛应用的非线性动力学模型。Sawalhi 等[26]将粗糙度视为离散点，并通过低通滤波平滑使模型更接近实际情况，随后将粗糙度模型整合到其建立的轴承非线性动力学模型中，以更精确地研究滚动轴承振动响应。

然而，前述研究均针对短期内的单一故障行为进行研究，并未跟踪滚动轴承长期退化过程。长期退化行为与动态响应的映射机制依然不清晰，因此退化机理与预测方法未能有效结合，所建立的模型尚未能应用于寿命预测。El-Thalji 等[27]则进行了滚动轴承全寿命周期振动响应的仿真求解工作。通过对滚动轴承磨损退化物理机理的大量分析，建立了基于表面形貌演变的动态模型，描述轴承损伤演变进程。但该模型是基于滚动轴承各元件间的运动学分析而建立的，并非应用前述广泛研究的集中参数模型，因此实施的灵活性不够。

综上，从滚动轴承内在退化机理出发，探索滚动轴承各退化阶段集中参数模型的统一化建模，针对不同损伤演变阶段建立相应的表面形貌模型，求解滚动轴承全寿命周期的振动响应，并分析其退化行为，对轴承寿命预测方法的发展具有重要意义。

1.2 性能退化程度评估

性能退化程度评估即定量诊断，是在定性诊断的基础上进一步开展的深入研究。定性诊断通常给出故障的类型、位置等结论，但无法获知故障的严重程度。而健康管理的目标要求基于故障严重程度等信息给出机械装备的运维管理建议。因此，有必要对定量诊断方法进行研究。

定量诊断方法通常基于振动信号时域波形的"双冲击"特征而提出。Dowling[28]分析了滚动体经过外圈缺陷时的振动响应波形，发现在进入和退出缺陷时分别对应两个冲击响应特征。但是他没有进行更深入的分析，也没有将其与定量诊断联系起来。Epps[29]详细探究了滚动轴承故障"双冲击"现象，指出了滚动体进入和退出缺陷时产生的冲击响应呈现不同的特点，并将冲击时间差引入定量诊断，实现了故障尺寸的定量估计。Cui 等[30]建立了滚动轴承非线性动态模型，分析了不同故障尺寸时振动响应信号中冲击时间点与进入和退出缺陷的对应关系。Wu 等[31]建立了滚动轴承五自由度动力学模型，对内、外圈滚道不同故障尺寸的缺陷进行建模，并详细分析了相应振动响应与接触力的对应关系，从机理的角度分析了"双冲击"与定量诊断的联系。Luo 等[32]更深入地建立了弹性流体动力润滑条件下的非线性耦合动力学模型，解释了"双冲击"激励机理。

虽然对"双冲击"现象与定量诊断原理的研究取得了显著进展，但是在冲击特征提取方面仍存在一些难点，尤其是对滚动体进入缺陷时所引起冲击的提取。机理研究表明，第一个冲击响应为较低频的类阶跃响应，幅值较低、衰减较快，极易淹没在环境噪声及其他干扰中。Zeng 等[33]针对"双冲击"中的第一个阶跃响应容易受噪声干扰从而不易识别的问题，提出了改进的迭代 K 奇异值分解方法，有效提取了冲击特征。He 等[34]提出了一种基于振动瞬时能量分析的定量特征提取方法，以故障脉冲对应的瞬时能量时间差求解故障尺寸，是一种间接特征提取的可行手段。Zhao 等[35]提出了基于经验模态分解和近似熵法的冲击特征提取方法，有效解决了非平稳、非线性、强噪声状况下的特征提取难题，实现了精确定量诊断。Huang 等[36]提出了一种自适应字典自由正交匹配追踪方法用于提取微弱的阶跃冲击特征，进而实现了故障尺寸的自动估计。Sawalhi 等[37]提出了两种基于预白化和小波分析的方法以增强滚动体进入缺陷引起的冲击，两种方法分别采用联合和分离的处理策略。Cui 等[38]提出一种新的阶跃-冲击字典匹配追踪方法，用于同步提取"双冲击"特征。

除了前述基于"双冲击"特征提取策略进行故障定量诊断外，另一种有效的思路为建立某种指标，实现定量指标与故障尺寸之间的映射关系，即退化趋势诊断。该方法避免了对时域波形中冲击特征的精细提取。Wang 等[39]提出一种基于多尺度排列熵的定量映射模型，有效实现了指标与故障尺寸的映射。Du 等[40]提出一种基于 Protrogram 和 Lempel-Ziv 的轴承定量趋势诊断新方法。Cui 等[41]则建立了垂直-水平同步均方根指标，有效实现了不同角位置及缺陷尺寸的定位定量诊断。

从以上研究可以发现，基于"双冲击"理论进行定量诊断，对冲击特征的准确提取至关重要。目前大部分研究都需要对原始信号进行处理，属于直接特征提取策略。由于实际信号往往包含噪声及其他干扰，且直接处理信号会改变冲击波形特征，进而导致对时间差的提取产生误差。因此，如何基于故障振动机理，从信号全局挖掘自身所包含的内在定量特征，即间接特征提取策略，是一种新的退化程度定量评估思路。

1.3　寿　命　预　测

机械零部件的退化行为往往表现为经历较长一段时间的健康状态后，再进入到退化阶段，对退化阶段的判断过早，会导致初始寿命预测时刻提前，此时的预测精度较低，可参考性不足；对退化阶段的判断过晚，会压缩预警时间，导致对失效状况的防备不足，容易发生突发事故。因此，有必要对退化状态进行连续的跟踪与辨识。对健康-退化状态的判断，传统常用的方法是基于统计学原理，利用 3σ 原则。但是统计量容易受到环境噪声、随机冲击等多种干扰源的影响，导致对状态的误判断。且不同个体零部件的退化过程差异较大，简单的统计量往往不适用。因此，需要开发新的自适应退化状态识别算法。

机械零部件退化预测的核心是掌握并学习其退化规律，并针对该规律进行建模。不同的预测方法具有不同的特点及适用性。许多优秀的综述文章对寿命预测方法进行了详细的介绍[42-44]。综合分析这些研究，可将预测技术划分为物理模型方法、数据驱动方法(包括统计模型方法、机器学习方法)和混合方法。其中数据驱动方法获得了最广泛的研究。

数据驱动方法使用历史退化数据对隐含的退化规律进行挖掘和建模。就建模方式而言，数据驱动方法中的统计模型方法属于具象模型，此类方法一般具有显式模型方程式，通过该方程式预测未来的 HI 以衡量退化过程。相反，机器学习方法属于抽象模型，没有具体描述退化过程的显式方程，一般需要建立 RUL 和 HI 的映射关系，直接预测 RUL。常规的数据驱动预测方法都具有一定的局限性：统计模型方法对所提取的特征指标具有较强依赖性，HI 的特性如局部平滑性、总体趋势性等对 RUL 预测的精度有较大影响；机器学习方法往往需要构建较为复杂的网络模型，并依赖大量训练样本，计算成本较高。因此，探索便捷、高效、适应性强的 RUL 预测方法势在必行。

另外值得注意的是，实际中应该应用哪种预测方法不能一概而论，需要结合实际情况选择与其相匹配的方法。本节重点介绍性能退化指标和预测方法的研究现状。

1.3.1　性能退化指标

滚动轴承全寿命周期性能退化指标的建立，对后续的 RUL 预测至关重要。HI 的建立，本质为特征提取，通过特定的特征增强算法，从原始振动监测数据中提取出有效表征机械逐步退化过程的指标。实现此目标的过程，即性能退化评估。通过指标的演变规律，从整体上评估轴承大概处于何种退化阶段，如健康阶段、退化早期、退化中期和退化晚期等。与传统的时域、频域、时频域的统计量特征提取方法不同，最新的性能退化评估方法往往基于多种先进的故障诊断及特征提取技术，可将这些方法划分为两大类，即信号处理方法和机器学习方法。

信号处理方法通常从信号的滤波、分解、投影等视角对信号进行处理并提取特征，具体的方法种类繁多，较为常用的一些综述如下。Huang 等[45]针对从非平稳信号中提取与工况无关的故障信息问题，引入了干扰属性投影方法。Jiang 等[46]提出了一种融合隐马尔可夫模型和干扰属性投影的方法，得到了不受轴承退化条件影响的有效特征。Rai 等[47]提出了一种基于经验模态分解和 k-medoids 聚类的轴承性能退化评估方法。首先获得正常状态和故障状态的聚类中心，随后建立实验数据与正常状态不相似性的置信值，作为评价轴承健康状况的劣化指标。Singh 等[48]提出了一种融合集成经验模态分解和 Jensen-Rényi 散度的滚动轴承损伤评估方法，使用敏感的本征模态分量进行 Jensen-Rényi 散度评估，使其不受工况的影响。Ma 等[49]建立了涵盖大部分正常数据的最小体积椭球模型，该模型自适应地考虑了多维数据的方差，随后基于此设计了性能退化指标。Li 等[50]应用数学形态学理论，建立了一种新的反映轴承退化过程的指标。Yan 等[51]构建了一种稀疏表示模型，获得了具有单调性的健康指标，即加权原子的和。Ni 等[52]基于随机矩阵理论，提出了平均谱半径、最大特征值和内圈随机点数三个性能退化指标，能够有效地辨识不同退化状态，并定量地评估性能退化程度。尹爱军等[53]应用同步抽取变换提取特征，建立复小波结构相似性指标跟踪退化过程，并评估退化程度。前述方法在一定程度上能较好地跟踪退化行为，但仍有一些指标在趋势性、平滑性、递增性中的一个或多个性能表现较差，不能取得综合评估效果。此外，信号处理方法通常依赖先验的专家经验知识，对被分析信号的品质要求也较高，这些均给特征提取带来难度。因此学者们又研究了机器学习方法。

机器学习方法包含浅层学习和深度学习。浅层学习的网络结构较为简单，通常仅包含一层隐含层，如传统的多层感知器等；甚至不包含隐含层，如流形学习等。Kang 等[54]利用局部线性嵌入方法约减多域特征的维数，并利用支持向量机获得滚动轴承不同退化程度的补偿距离，基于该补偿距离建立了评估模型。Yu[55]提出自适应隐马尔可夫模型用于构建 HI，其量化了历史状态和当前状态的密度分布相似性，能够在线学习并评估退化过程。Li 等[56]利用核主成分分析和指数加权移动平均方法，建立了一种新的 HI，有效地描述退化过程。Ma 等[57]针对振动信号的非平稳特性，使用第二代小波包分解将振动信号分解至不同的频带，并提取最优统计特征对子空间进行建模，随后提出基于黎曼流形的局部线性嵌入方法对轴承性能退化进行评估。王奉涛等[58]提出一种基于流形学习的模糊 C 均值方法评估轴承性能退化。由于浅层学习网络结构简单，当数据量及数据类型较多时，深度学习方法则更为有效。深度学习的网络结构非常复杂，网络层数、节点数、超参数等都数量庞大,因此具备更强的学习性能。Dong 等[59]使用基于深度自编码器和 t 分布随机邻域嵌入方法进行多维特征的提取和约减,并构建马氏距离作为评估退化的 HI。Hu 等[60]提出优化的经验小波变换方法提取故障特征信息,并将其输入卷积神经网络提取退化敏感特征。Wang 等[61]建立了卷积神经网络-深度长短期记忆网络框架,从监测数据中挖掘信息,构建 HI 统计量,用于性能退化评估。Xu 等[62]建立了一种中值滤波深度信念网络,直接以原始振动信号作为输入并构建 HI,多个隐含层使得模型具备较好的去噪能力。Mao 等[63]建立了多尺度域对抗神经网络,提取不同工况数据中蕴含的本质特征,并对特征进行降维构建了新的 HI。值得注意的是,深度学习模型也具有明显的不足,其需要大量的训练数据,且模型训练学习较为耗时,在线实时部署较为困难,这对即时性要求较高的性能退化评估而言是不可忽视的。

综上,性能退化评估研究主要集中在两个方面:一是建立一种能正确反映轴承全寿命周期退化行为的 HI,所建立的 HI 要具备良好的趋势性、递增性等;二是准确识别轴承的退化状态,这对提高 PHM 的效率与可靠性具有重要作用。

1.3.2 寿命预测方法

数据驱动 RUL 预测方法是根据传感器监测的状态数据,实时跟踪动态行为,预测退化过程。数据驱动方法包括统计模型方法和机器学习方法。

1. 统计模型方法

统计模型方法是根据经验知识,建立数学模型跟踪退化过程,预测剩余使用寿命。其无须对退化机理有明确的掌握,且计算量比较小,适用于全寿命周期退化数据为单样本、小样本的情形。目前将此方法用于寿命预测的研究最多。常见的统计模型方法如图 1.1 所示。

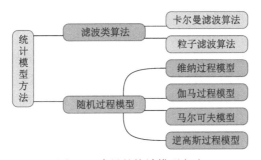

图 1.1 常见的统计模型方法

1)滤波类算法
卡尔曼滤波算法和粒子滤波算法应用较为广泛,通常用于单样本序列的学习预测。

(1)卡尔曼滤波算法。该算法最初在航空器的轨道预测中获得成功应用，目前已经被学者广泛应用于机械关键零部件的寿命预测。Baptista 等[64]针对传统数据驱动方法预测鲁棒性差的问题，将卡尔曼滤波算法分别与广义线性模型、神经网络、k 近邻、随机森林和支持向量机五种数据驱动预测方法结合进行预测。Li 等[65]针对滤波算法的噪声估计未应用在线状态监测数据的信息问题，提出一种贝叶斯更新量化的方法，降低了噪声的干扰，提高了预测算法的稳定性和精确性。Zhang 等[66]为了提高预测精度，使用双向门控递归单元神经网络补偿自适应扩展卡尔曼滤波器的预测误差。Pang 等[67]将期望最大化算法和扩展卡尔曼滤波结合，自适应地估计了退化状态和未知模型的参数，并推导出了寿命的近似解析分布。前述研究均使用单一滤波器模型，为了适应退化行为的时变特性，一些学者研究了多状态滤波器模型的自适应切换方法。Lim 等[68]针对使用传统切换模型表示系统经历的各种退化阶段方法存在的鲁棒性不足问题，提出了一种开关卡尔曼滤波算法，所提出的方法可以实现剩余寿命的连续和离散预测。Cui 等[69]提出开关无迹卡尔曼滤波算法，并优化了模型参数，实现了滚动轴承 RUL 的连续预测。Cui 等[70]利用卡尔曼滤波算法的特性，提出模型自适应双卡尔曼滤波算法，有效识别了滚动轴承退化状态，并给出了 RUL 的不确定性估计。

(2)粒子滤波算法。由于卡尔曼滤波算法通常应用于线性、高斯的情形，而实际的系统通常是非线性、非高斯的，因此学者又研究了粒子滤波算法。Cheng 等[71]提出了一种改进的粒子滤波算法，设计了一种自适应神经模糊推理系统，以利用从监测数据中提取的故障指标来学习故障退化模型中的状态转移函数。为了解决粒子贫乏问题，他们提出了一种粒子修正方法和一种改进的多项式重采样方法，以提高重采样过程中的粒子多样性。Guo 等[72]针对重要密度选择不合理导致的粒子退化问题，提出一种基于最小 Hellinger 距离原理的重要密度选择策略，解决早期退化问题，提升了预测精度。Corbetta 等[73]针对粒子滤波算法尚未对所提取的过程噪声的充分性进行研究的现状，提出了一个最优无偏过程噪声模型和一系列随机模型必须满足的要求以保证高预测性能，全尺寸航空结构的疲劳裂纹扩展实验数据验证了所提方法的有效性。Cui 等[74]提出一种时变粒子滤波模型，设置滑动窗口自适应选择合适的粒子滤波模型，并进行全局/局部的信息融合，获得了滚动轴承寿命的综合估计。Liu 等[75]提出一种双指数模型粒子滤波算法，减少对先验知识的需求，提升了预测精度。Yu 等[76]针对退化指标的单调退化描述需求，提出一种单调约束粒子滤波算法，显著地提升了预测性能。

2)随机过程模型

除了滤波类算法外，随机过程模型也是广泛应用的一类，如维纳过程模型、伽马过程模型、马尔可夫模型、逆高斯过程模型等。此类算法通常应用于小样本数据的学习预测。

(1)维纳过程模型。Wang 等[77]提出一种自适应漂移和扩散的维纳过程方法用于寿命预测。传统方法漂移参数是自适应的,但扩散参数是固定的。针对此问题,依据漂移参数和扩散参数平方的比值是定值的比例关系进行了改进,使漂移参数和扩散参数都能自适应变化。Li 等[78]针对不同运行工况和健康阶段导致退化过程的不同,考虑到个体间差异,提出了一种基于维纳过程模型的 RUL 预测方法,专门设计了基于年龄和状态的维纳过程模型,以描述不同个体的多种退化过程。Guan 等[79]考虑到退化过程的多阶段表征问题,提出一种两阶段自适应维纳过程退化模型,以弱化测量误差和退化状态随机性的影响,并获得了寿命的解析解。Wang 等[80]提出退化角思想,以解决单一类型漂移函数无法精确跟踪多阶段退化过程的问题。Chen 等[81]建立了考虑测量误差的自适应维纳过程模型,模型的状态考虑到了漂移率和潜在退化值,以指数加权平均来聚合漂移序列,获得了实时的寿命分布。Ge 等[82]应用尺度混合正态分布对维纳过程模型中的测量误差进行建模,能避免数据采集过程中异常值的影响。然而维纳过程模型有其固有不足,即基于马尔可夫特性假设,认为未来状态仅与当前状态有关,与历史状态是无关的。

(2)伽马过程模型。Wang 等[83]提出一种基于伽马过程模型的时间序列预测方法,减轻了随机波动对预测的影响。Pandey 等[84]考虑到机械运维过程中的多种不确定性因素,提出随机伽马过程模型,有效用于全寿命周期管理。Liu 等[85]考虑到与时间和状态相关的退化增量,建立了转换伽马过程模型描述退化过程,并应用吉布斯采样器估计模型参数,实现了 RUL 的估计。Hazra 等[86]考虑到机械部件不同的退化速率,提出了混合伽马过程模型,并提出近似贝叶斯计算-哈密顿蒙特卡罗算法求解目标概率空间,获得了较好的样本混合效果。然而,伽马过程模型也是基于马尔可夫特性假设,因此与实际退化过程不一定相符。此外,伽马过程模型中的噪声必须服从伽马分布,又进一步制约了其应用。

(3)马尔可夫模型。Zhu 等[87]将隐马尔可夫模型用于自动检测故障发生时间,提高了预测方法的适应性。Puerto-Santana 等[88]提出一种非对称隐马尔可夫方法,减少了对运行至故障数据的需求。Xiahou 等[89]提出了一种混合高斯证据隐马尔可夫模型,以融合状态监测信息和专家知识,提高了 RUL 预测性能。Lau 等[90]应用马尔可夫链蒙特卡罗方法以实现其提出的贝叶斯多变化点模型,并预测轴承RUL。Wang 等[91]提出一种马尔可夫链蒙特卡罗方法(No-U-Turn 采样器),预测RUL 及其不确定区间。Meng 等[92]应用灰色马尔可夫模型提高退化趋势预测的准确性。然而,马尔可夫模型显然基于马尔可夫特性假设,不一定适用于真实的机械退化数据。

(4)逆高斯过程模型。Pan 等[93]提出一种具有随机效应的逆高斯过程模型跟踪退化过程，并应用期望最大化算法及贝叶斯方法来估计和更新模型参数，获得了RUL 的显式表达。Sun 等[94]考虑到随机效应和测量误差因素，建立了改进的逆高斯过程模型来跟踪退化过程，并应用蒙特卡罗积分和期望最大化方法估计模型参数。Huynh[95]考虑到维护行为的历史依赖性，建立了具有随机效应的逆高斯过程模型。Peng 等[96]提出了一种转换逆高斯过程模型，提高了对年龄和状态依赖过程的建模能力，并获得了 RUL 的分布。Wang 等[97]提出具有协变量效应的逆高斯过程模型对退化过程建模，获得了 RUL 的估计。然而，逆高斯过程模型方法同样基于马尔可夫假设，且需应用于单调过程，局限了其应用场景。

2. 机器学习方法

统计模型方法依赖经验建立全局或局部退化模型，有时难以适应实际中复杂多变的状况，导致预测的鲁棒性和精确性较低。当面对包含更多退化行为的大样本数据时，机器学习方法则表现出了优越性[98]。常见的浅层学习和深度学习方法如图 1.2 所示。

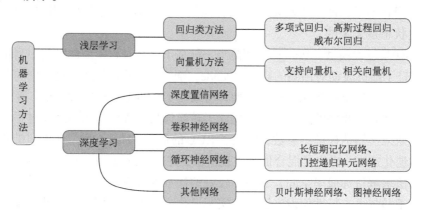

图 1.2　常见的机器学习寿命预测方法

1)浅层学习

浅层学习方法以多种回归类算法、多层感知器、支持向量机、相关向量机等算法的应用较为广泛，模型结构基本只包含一层隐含层节点，甚至没有隐含层。

(1)回归类方法。该类方法也包含较多类型，如多项式回归、高斯过程回归、威布尔回归等。其中多项式回归原理简单，容易实施。Ahmad 等[99]提出了递归更新多项式回归模型以捕获轴承 HI 的变化趋势，随后将其用于预测 HI 的未来值并估计轴承的 RUL。Yan 等[100]同样建立迭代更新的多项式回归模型跟踪健康指标的退化过程。为了应对更为复杂的实际情况，相关学者又研究了其他回归方法。Aye 等[101]提出了一种基于声发射信号退化评估指标的低速轴承 RUL 预测的最优高斯过程回归方法，所提方法在不同的工况下(如负载和速度)具有鲁棒性，并且可以应用于非线性和非平稳的机械响应信号，这对于有效的预防性机器维护是有用的。Kumar 等[102,103]应用高斯过程回归预测退化趋势，分析了多种核函数对预测精度的影响，并获得 95% 置信区间。但是高斯过程回归的计算成本较高。Kundu 等[104]考虑到不同工况下预测模型的通用性问题，提出基于威布尔回归的寿命预测方法，将工况参数如转速、载荷等也考虑到模型中，提出新的威布尔分布模型，其应用场景更为普遍，避免了传统方法针对每个工况各自建立模型的问题，适应性好。

(2)向量机方法。Zhang 等[105]提出一种多种群果蝇优化算法选择支持向量回归的参数，验证结果表明其具有较好的优化能力。Elforjani 等[106]采用支持向量机回归、多层人工神经网络模型和高斯过程回归三种有监督的机器学习技术，通过一系列的实验，将声发射特征与低速轴承的自然磨损相关联。结果表明，在选择合适的网络结构和提供足够数据的情况下，采用反向传播学习算法的神经网络模型在估计低速轴承的 RUL 方面优于其他模型。Manjurul Islam 等[107]使用贝叶斯推理辅助单分类支持向量回归进行异常值检测以寻找开始预测时刻，又应用递归最小二乘支持向量回归预测监测数据。Wang 等[108]为了补偿相关向量机证据逼近带来的误差，将其扩展到概率流形中，提高了不确定条件下的预测精度。雷亚国等[109]提出改进的自适应多核相关向量机用于机械装备 RUL 预测。

事实上，浅层学习不属于端到端的方法，通常进行模型训练所需的数据需要进行人工特征提取。因此，学者们又研究了深度学习方法及其应用。

2)深度学习

在寿命预测领域，深度学习的研究取得了丰富的成果。目前应用广泛的深度学习模型有深度置信网络、卷积神经网络、循环神经网络、贝叶斯神经网络、图神经网络等。其中一部分研究是将深度神经网络作为特征提取器，从原始数据中提取特征构建 HI。本节将介绍应用这些网络模型作为预测工具的研究现状。

(1)深度置信网络。Zhang 等[110]以准确性和多样性为不同目标，同时训练多个深度信念网络，随后将其以优化的权重集成，构建了 RUL 预测网络。Deutsch 等[111]提出了一种融合深度置信网络和前馈神经网络的预测框架，提升了模型的预测能力。Haris 等[112]将贝叶斯优化、HyperBand 超参数优化和深度置信网络结合，提高了预测效率和准确率。Cao 等[113]搭建深度信念网络与全连接层框架，取得了良好的预测效果。Bagri 等[114]将人工神经网络和深度信念网络结合，成功实现了磨损状态分类和 RUL 预测。

(2)卷积神经网络。Yang 等[115]提出了一种基于双卷积神经网络模型架构的智能 RUL 预测方法，直接应用原始信号进行寿命预测。Jiang 等[116]建立了不同传感器及不同步长的双注意卷积神经网络，并利用多尺度卷积提取全局和局部综合信息，实现了准确 RUL 预测。Deng 等[117]为了解决传统卷积不适合处理长时间序列和卷积视野固定的问题，提出一种多尺度时间卷积网络。He 等[118]针对扩张因果卷积导致的局部信息丢失问题，提出了自校准时间卷积网络。Zhuang 等[119]则将时间卷积网络扩展到迁移学习目标中，提高了网络的跨域适应能力。

(3)循环神经网络。对该类网络的应用主要是其变体，即长短期记忆网络和门控递归单元网络，可有效实现时间序列的学习。Qin 等[120]提出了一种新型的具有宏观-微观注意力的长短期记忆神经网络，用于齿轮 RUL 预测。Xiang 等[121]提出了一种具有注意力引导的有序神经元并以此改进了长短期记忆神经网络，提高了对时间序列的长期预测性能。Xia 等[122]将长短期记忆网络和经典神经网络混合成深度神经网络，可融合多传感信息，提高了预测性能。Guo 等[123]提出一种将多元稀疏自编码器误差融合与长短期记忆网络结合的预测框架，具有良好的预测效果。车畅畅等[124]提出一种一维卷积神经网络和长短期记忆网络的混合模型，其与单一模型相比具有更低的预测误差。Xu 等[125]提出了一种自注意增强卷积门控递归单元网络，通过引入注意力机制和卷积操作，提升了网络对局部信息的关注能力。Zhou 等[126]通过复用之前时刻的信息，建立了记忆增强门控递归单元网络，解决了网络模型对序列趋势信息的遗忘问题。

除了以上经典的神经网络模型外，近年来一些新的网络模型被引入到机械寿命预测领域，如贝叶斯神经网络、图神经网络等。Peng 等[127]针对深度学习不确定性估计能力的问题，提出了一种基于变分推理的方法来进行贝叶斯神经网络的学习和推理，用于不确定性量化的健康预测。Zhu 等[128]提出了一种带有蒙特卡罗丢包推断的贝叶斯神经网络，能够使用无运行至失效标签的样本进行主动学习预测。Li 等[129]建立了分层注意力图卷积神经网络，融合多传感器数据，充分挖掘了退化信息。Yang 等[130]将图卷积神经网络和门控递归单元网络结合，搭建了考虑空间和时间的深度神经网络，有效实现了轴承寿命预测。

深度学习模型应用于寿命预测取得了较多的成果，但仍存在一些较难克服的问题，如依赖大量的训练样本，而实际运行至失效的数据又不容易获取；模型可迁移性差，当训练数据和测试数据的分布有较大差异时，往往导致预测失效，而实际滚动轴承的退化行为又是变化多样的，进一步增加了预测难度。

综上所述，退化性能评估和寿命预测技术是预防故障保障高端装备安全稳定长周期运行的关键技术，本书将滚动轴承动力学建模与信号处理方法及智能算法相结合，用于实现轴承性能退化评估和寿命预测。本书结合作者团队在滚动轴承故障诊断与预测方面积累的多年研究成果和最新研究进展，重点介绍了滚动轴承动力学建模、性能退化定量评估和寿命预测方法。

参 考 文 献

[1] 中华人民共和国国务院. 国家中长期科学和技术发展规划纲要(2006—2020 年)[R/OL]. https:// www.gov.cn/jrzg/2006-02/09/content_183787.htm[2023-07-11].

[2] 中华人民共和国国务院. 中国制造 2025[R/OL]. https://www.gov.cn/zhengce/zhengceku/2015-05/ 19/content_9784.htm [2023-07-11].

[3] 国家自然科学基金委员会工程与材料科学部. 机械工程学科发展战略报告(2021～2035) [M]. 北京: 科学出版社, 2021.

[4] 崔玲丽, 王鑫, 王华庆, 等. 基于改进开关卡尔曼滤波的轴承故障特征提取方法[J]. 机械工程学报, 2019, 55(7): 44-51.

[5] Cui L L, Wang X, Wang H Q, et al. Remaining useful life prediction of rolling element bearings based on simulated performance degradation dictionary[J]. Mechanism and Machine Theory, 2020, 153: 103967.

[6] Saxena A, Goebel K, Simon D, et al. Damage propagation modeling for aircraft engine run-to-failure simulation[C]. International Conference on Prognostics and Health Management, Denver, 2008: 1-9.

[7] Cao H R, Niu L K, Xi S T, et al. Mechanical model development of rolling bearing-rotor systems: A review[J]. Mechanical Systems and Signal Processing, 2018, 102: 37-58.

[8] Fukata S, Gad E H, Kondou T, et al. On the radial vibration of ball bearings: Computer simulation[J]. Bulletin of the JSME, 1985, 28(239): 899-904.

[9] Rafsanjani A, Abbasion S, Farshidianfar A, et al. Nonlinear dynamic modeling of surface defects in rolling element bearing systems[J]. Journal of Sound and Vibration, 2009, 319(3-5): 1150-1174.

[10] Qin Y, Cao F L, Wang Y, et al. Dynamics modelling for deep groove ball bearings with local faults based on coupled and segmented displacement excitation[J]. Journal of Sound and Vibration, 2019, 447: 1-19.

[11] Jiang Y C, Huang W T, Luo J N, et al. An improved dynamic model of defective bearings considering the three-dimensional geometric relationship between the rolling element and defect area[J]. Mechanical Systems and Signal Processing, 2019, 129: 694-716.

[12] Sawalhi N, Randall R B. Simulating gear and bearing interactions in the presence of faults: Part I. The combined gear bearing dynamic model and the simulation of localised bearing faults[J]. Mechanical Systems and Signal Processing, 2008, 22(8): 1924-1951.

[13] 胡爱军, 许莎, 向玲, 等. 滚动轴承外圈多点故障特征分析[J]. 机械工程学报, 2020, 56(21): 110-120.

[14] Petersen D, Howard C, Sawalhi N, et al. Analysis of bearing stiffness variations, contact forces and vibrations in radially loaded double row rolling element bearings with raceway defects[J]. Mechanical Systems and Signal Processing, 2015, 50-51: 139-160.

[15] Luo Y, Tu W B, Fan C Y, et al. A study on the modeling method of cage slip and its effects on the vibration response of rolling-element bearing[J]. Energies, 2022, 15(7): 2396.

[16] Liu Y Q, Chen Z G, Tang L, et al. Skidding dynamic performance of rolling bearing with cage flexibility under accelerating conditions[J]. Mechanical Systems and Signal Processing, 2021, 150: 107257.

[17] 刘永强, 王宝森, 杨绍普. 含外圈故障的高速列车轴承转子系统非线性动力学行为分析[J]. 机械工程学报, 2018, 54(8): 17-25.

[18] Ahmadi A M, Petersen D, Howard C. A nonlinear dynamic vibration model of defective bearings—The importance of modelling the finite size of rolling elements[J]. Mechanical Systems and Signal Processing, 2015, 52-53: 309-326.

[19] Zheng L K, Xiang Y, Sheng C X. Nonlinear dynamic modeling and vibration analysis of faulty rolling bearing based on collision impact[J]. Journal of Computational and Nonlinear Dynamics, 2021, 16(6): 061001.

[20] Harsha S P, Sandeep K, Prakash R. Non-linear dynamic behaviors of rolling element bearings due to surface waviness[J]. Journal of Sound and Vibration, 2004, 272(3-5): 557-580.

[21] Cao M, Xiao J. A comprehensive dynamic model of double-row spherical roller bearing—Model development and case studies on surface defects, preloads, and radial clearance[J]. Mechanical Systems and Signal Processing, 2008, 22(2): 467-489.

[22] Liu J, Shao Y M. Vibration modelling of nonuniform surface waviness in a lubricated roller bearing[J]. Journal of Vibration and Control, 2017, 23(7): 1115-1132.

[23] 刘静, 吴昊, 邵毅敏, 等. 考虑内圈挡边表面波纹度的圆锥滚子轴承振动特征研究[J]. 机械工程学报, 2018, 54(8): 26-34.

[24] 刘国云, 曾京, 戴焕云, 等. 考虑轴箱轴承表面波纹度的高速车辆振动特性分析[J]. 机械工程学报, 2016, 52(14): 147-156.

[25] Ho M, Birch D J, Brunn P J. Bearing condition assessment. Part 1: Size and frequency of surface roughness interactions in impulsive vibration measurements[J]. Proceedings of the Institution of Mechanical Engineers Part I—Journal of Engineering Tribology, 2003, 217(6): 435-445.

[26] Sawalhi N, Randall R B. Simulating gear and bearing interactions in the presence of faults: Part II: Simulation of the vibrations produced by extended bearing faults[J]. Mechanical Systems and Signal Processing, 2008, 22(8): 1952-1966.

[27] El-Thalji I, Jantunen E. Dynamic modelling of wear evolution in rolling bearings[J]. Tribology International, 2015, 84: 90-99.

[28] Dowling M J. Application of non-stationary analysis to machinery monitoring[C]. IEEE International Conference on Acoustics, Speech, and Signal Processing, Minneapolis, 1993: 59-62.

[29] Epps I. An Investigation into Vibrations Excited by Discrete Faults in Rolling Element Bearings[D]. Christchurch: University of Canterbury, 1991.

[30] Cui L L, Zhang Y, Zhang F B, et al. Vibration response mechanism of faulty outer race rolling element bearings for quantitative analysis[J]. Journal of Sound and Vibration, 2016, 364: 67-76.

[31] Wu R Q, Wang X F, Ni Z X, et al. Dual-impulse behavior analysis and quantitative diagnosis of the raceway fault of rolling bearing[J]. Mechanical Systems and Signal Processing, 2022, 169: 108734.

[32] Luo M L, Guo Y, Andre H, et al. Dynamic modeling and quantitative diagnosis for dual-impulse behavior of rolling element bearing with a spall on inner race[J]. Mechanical Systems and Signal Processing, 2021, 158: 107711.

[33] Zeng M, Chen Z. Iterative k-singular value decomposition for quantitative fault diagnosis of bearings[J]. IEEE Sensors Journal, 2019, 19(20): 9304-9313.

[34] He Z Y, Chen G, Zhang K Y, et al. A quantitative estimation method of ball bearing localized defect size based on vibration instantaneous energy analysis[J]. Measurement Science and Technology, 2022, 33(7): 075011.

[35] Zhao S F, Liang L, Xu G H, et al. Quantitative diagnosis of a spall-like fault of a rolling element bearing by empirical mode decomposition and the approximate entropy method[J]. Mechanical Systems and Signal Processing, 2013, 40(1): 154-177.

[36] Huang W T, Jiang Y C, Sun H J, et al. Automatic quantitative diagnosis for rolling bearing compound faults via adapted dictionary free orthogonal matching pursuit[J]. Measurement, 2020, 154: 107474.

[37] Sawalhi N, Randall R B. Vibration response of spalled rolling element bearings: Observations, simulations and signal processing techniques to track the spall size[J]. Mechanical Systems and Signal Processing, 2011, 25(3): 846-870.

[38] Cui L L, Wu N, Ma C Q, et al. Quantitative fault analysis of roller bearings based on a novel matching pursuit method with a new step-impulse dictionary[J]. Mechanical Systems and Signal Processing, 2016, 68-69: 34-43.

[39] Wang J L, Cui L L, Xu Y G. Quantitative and localization fault diagnosis method of rolling bearing based on quantitative mapping model[J]. Entropy, 2018, 20(7): 510.

[40] Du J X, Cui L L, Zhang J Y, et al. The method of quantitative trend diagnosis of rolling bearing fault based on protrugram and Lempel-Ziv[J]. Shock and Vibration, 2018, 2018: 4303109.

[41] Cui L L, Huang J F, Zhang F B. Quantitative and localization diagnosis of a defective ball bearing based on vertical-horizontal synchronization signal analysis[J]. IEEE Transactions on Industrial Electronics, 2017, 64(11): 8695-8706.

[42] Javed K, Gouriveau R, Zerhouni N. State of the art and taxonomy of prognostics approaches, trends of prognostics applications and open issues towards maturity at different technology readiness levels[J]. Mechanical Systems and Signal Processing, 2017, 94: 214-236.

[43] Lei Y G, Li N P, Guo L, et al. Machinery health prognostics: A systematic review from data acquisition to RUL prediction[J]. Mechanical Systems and Signal Processing, 2018, 104: 799-834.

[44] Kan M S, Tan A C C, Mathew J. A review on prognostic techniques for non-stationary and non-linear rotating systems[J]. Mechanical Systems and Signal Processing, 2015, 62-63: 1-20.

[45] Huang W Y, Cheng J S, Yang Y. Rolling bearing fault diagnosis and performance degradation assessment under variable operation conditions based on nuisance attribute projection[J]. Mechanical Systems and Signal Processing, 2019, 114: 165-188.

[46] Jiang H M, Chen J, Dong G M. Hidden Markov model and nuisance attribute projection based bearing performance degradation assessment[J]. Mechanical Systems and Signal Processing,

2016, 72-73: 184-205.

[47] Rai A, Upadhyay S H. Bearing performance degradation assessment based on a combination of empirical mode decomposition and *k*-medoids clustering[J]. Mechanical Systems and Signal Processing, 2017, 93: 16-29.

[48] Singh J, Darpe A K, Singh S P. Bearing damage assessment using Jensen-Rényi divergence based on EEMD[J]. Mechanical Systems and Signal Processing, 2017, 87: 307-339.

[49] Ma M, Sun C, Zhang C, et al. Subspace-based MVE for performance degradation assessment of aero-engine bearings with multimodal features[J]. Mechanical Systems and Signal Processing, 2019, 124: 298-312.

[50] Li H R, Wang Y K, Wang B, et al. The application of a general mathematical morphological particle as a novel indicator for the performance degradation assessment of a bearing[J]. Mechanical Systems and Signal Processing, 2017, 82: 490-502.

[51] Yan T T, Wang D, Sun S L, et al. Novel sparse representation degradation modeling for locating informative frequency bands for machine performance degradation assessment[J]. Mechanical Systems and Signal Processing, 2022, 179: 109372.

[52] Ni G X, Chen J H, Wang H. Degradation assessment of rolling bearing towards safety based on random matrix single ring machine learning[J]. Safety Science, 2019, 118: 403-408.

[53] 尹爱军, 张智禹, 李海珠. 同步抽取变换与复小波结构相似性指数的滚动轴承性能退化评估[J]. 振动与冲击, 2020, 39(6): 205-209.

[54] Kang S Q, Ma D Y, Wang Y J, et al. Method of assessing the state of a rolling bearing based on the relative compensation distance of multiple-domain features and locally linear embedding[J]. Mechanical Systems and Signal Processing, 2017, 86: 40-57.

[55] Yu J B. Adaptive hidden Markov model-based online learning framework for bearing faulty detection and performance degradation monitoring[J]. Mechanical Systems and Signal Processing, 2017, 83: 149-162.

[56] Li X Q, Jiang H K, Xiong X, et al. Rolling bearing health prognosis using a modified health index based hierarchical gated recurrent unit network[J]. Mechanism and Machine Theory, 2019, 133: 229-249.

[57] Ma M, Chen X F, Zhang X L, et al. Locally linear embedding on Grassmann manifold for performance degradation assessment of bearings[J]. IEEE Transactions on Reliability, 2017, 66(2): 467-477.

[58] 王奉涛, 陈旭涛, 闫达文, 等. 流形模糊C均值方法及其在滚动轴承性能退化评估中的应用[J]. 机械工程学报, 2016, 52(15): 59-64.

[59] Dong S J, Wu W L, He K, et al. Rolling bearing performance degradation assessment based on improved convolutional neural network with anti-interference[J]. Measurement, 2020, 151: 107219.

[60] Hu M T, Wang G F, Ma K L, et al. Bearing performance degradation assessment based on optimized EWT and CNN[J]. Measurement, 2021, 172: 108868.

[61] Wang Z, Ma H Z, Chen H S, et al. Performance degradation assessment of rolling bearing based on convolutional neural network and deep long-short term memory network[J]. International

Journal of Production Research, 2020, 58(13): 3931-3943.

[62] Xu F, Fang Z, Tang R L, et al. An unsupervised and enhanced deep belief network for bearing performance degradation assessment[J]. Measurement, 2020, 162: 107902.

[63] Mao W T, Chen J X, Chen Y J, et al. Construction of health indicators for rotating machinery using deep transfer learning with multiscale feature representation[J]. IEEE Transactions on Instrumentation and Measurement, 2021, 70: 1-13.

[64] Baptista M, Henriques E P, de Medeiros I, et al. Remaining useful life estimation in aeronautics: Combining data-driven and Kalman filtering[J]. Reliability Engineering & System Safety, 2019, 184: 228-239.

[65] Li Y X, Huang X Z, Ding P F, et al. Wiener-based remaining useful life prediction of rolling bearings using improved Kalman filtering and adaptive modification[J]. Measurement, 2021, 182: 109706.

[66] Zhang Y, Sun J H, Zhang J, et al. Health state assessment of bearing with feature enhancement and prediction error compensation strategy[J]. Mechanical Systems and Signal Processing, 2023, 182: 109573.

[67] Pang Z N, Li T M, Pei H, et al. A condition-based prognostic approach for age-and state-dependent partially observable nonlinear degrading system[J]. Reliability Engineering & System Safety, 2023, 230: 108854.

[68] Lim P, Goh C K, Tan K C, et al. Multimodal degradation prognostics based on switching Kalman filter ensemble[J]. IEEE Transactions on Neural Networks and Learning Systems, 2015, 28(1): 136-148.

[69] Cui L L, Wang X, Xu Y G, et al. A novel switching unscented Kalman filter method for remaining useful life prediction of rolling bearing[J]. Measurement, 2019, 135: 678-684.

[70] Cui L L, Wang X, Wang H Q, et al. Research on remaining useful life prediction of rolling element bearings based on time-varying Kalman filter[J]. IEEE Transactions on Instrumentation and Measurement, 2020, 69(6): 2858-2867.

[71] Cheng F Z, Qu L Y, Qiao W, et al. Enhanced particle filtering for bearing remaining useful life prediction of wind turbine drivetrain gearboxes[J]. IEEE Transactions on Industrial Electronics, 2018, 66(6): 4738-4748.

[72] Guo R X, Sui J F. Remaining useful life prognostics for the electrohydraulic servo actuator using hellinger distance-based particle filter[J]. IEEE Transactions on Instrumentation and Measurement, 2020, 69(4): 1148-1158.

[73] Corbetta M, Sbarufatti C, Giglio M, et al. Optimization of nonlinear, non-Gaussian Bayesian filtering for diagnosis and prognosis of monotonic degradation processes[J]. Mechanical Systems and Signal Processing, 2018, 104: 305-322.

[74] Cui L L, Li W J, Wang X, et al. Comprehensive remaining useful life prediction for rolling element bearings based on time-varying particle filtering[J]. IEEE Transactions on Instrumentation and Measurement, 2022, 71: 3510010.

[75] Liu H Y, Yuan R, Lv Y, et al. Remaining useful life prediction of rolling bearings based on segmented relative phase space warping and particle filter[J]. IEEE Transactions on

Instrumentation and Measurement, 2022, 71: 3527415.

[76] Yu H, Li H R. Pump remaining useful life prediction based on multi-source fusion and monotonicity-constrained particle filtering[J]. Mechanical Systems and Signal Processing, 2022, 170: 108851.

[77] Wang H, Ma X B, Zhao Y. An improved Wiener process model with adaptive drift and diffusion for online remaining useful life prediction[J]. Mechanical Systems and Signal Processing, 2019, 127: 370-387.

[78] Li N P, Lei Y G, Yan T, et al. A Wiener-process-model-based method for remaining useful life prediction considering unit-to-unit variability[J]. IEEE Transactions on Industrial Electronics, 2018, 66(3): 2092-2101.

[79] Guan Q L, Wei X K, Bai W F, et al. Two-stage degradation modeling for remaining useful life prediction based on the Wiener process with measurement errors[J]. Quality and Reliability Engineering International, 2022, 38(7): 3485-3512.

[80] Wang Z J, Ta Y T, Cai W A, et al. Research on a remaining useful life prediction method for degradation angle identification two-stage degradation process[J]. Mechanical Systems and Signal Processing, 2023, 184: 109747.

[81] Chen Z, Xia T B, Li Y T, et al. A hybrid prognostic method based on gated recurrent unit network and an adaptive Wiener process model considering measurement errors[J]. Mechanical Systems and Signal Processing, 2021, 158: 107785.

[82] Ge R H, Zhai Q Q, Wang H, et al. Wiener degradation models with scale-mixture normal distributed measurement errors for RUL prediction[J]. Mechanical Systems and Signal Processing, 2022, 173: 109029.

[83] Wang H, Liao H T, Ma X B, et al. Remaining useful life prediction and optimal maintenance time determination for a single unit using isotonic regression and Gamma process model[J]. Reliability Engineering & System Safety, 2021, 210: 107504.

[84] Pandey M D, Yuan X X, van Noortwijk J M. The influence of temporal uncertainty of deterioration on life-cycle management of structures[J]. Structure and Infrastructure Engineering, 2009, 5(2): 145-156.

[85] Liu X H, Matias J, Jäschke J, et al. Gibbs sampler for noisy transformed Gamma process: Inference and remaining useful life estimation[J]. Reliability Engineering & System Safety, 2022, 217: 108084.

[86] Hazra I, Bhadra R, Pandey M D. Likelihood-free Hamiltonian Monte Carlo for modeling piping degradation and remaining useful life prediction using the mixed Gamma process[J]. International Journal of Pressure Vessels and Piping, 2022, 200: 104834.

[87] Zhu J, Chen N, Shen C Q. A new data-driven transferable remaining useful life prediction approach for bearing under different working conditions[J]. Mechanical Systems and Signal Processing, 2020, 139: 106602.

[88] Puerto-Santana C, Bielza C, Diaz-Rozo J, et al. Asymmetric HMMs for online ball-bearing health assessments[J]. IEEE Internet of Things Journal, 2022, 9(20): 20160-20177.

[89] Xiahou T F, Zeng Z G, Liu Y. Remaining useful life prediction by fusing expert knowledge and

condition monitoring information[J]. IEEE Transactions on Industrial Informatics, 2021, 17(4): 2653-2663.

[90] Lau J W, Cripps E, Cripps S. Remaining useful life prediction: A multiple product partition approach[J]. Communications in Statistics-Simulation and Computation, 2022, 51(9): 5288-5307.

[91] Wang T, Liu Z, Mrad N. A probabilistic framework for remaining useful life prediction of bearings[J]. IEEE Transactions on Instrumentation and Measurement, 2021, 70: 3503412.

[92] Meng Z, Li J, Yin N, et al. Remaining useful life prediction of rolling bearing using fractal theory[J]. Measurement, 2020, 156: 107572.

[93] Pan D H, Liu J B, Cao J D. Remaining useful life estimation using an inverse Gaussian degradation model[J]. Neurocomputing, 2016, 185: 64-72.

[94] Sun B, Li Y, Wang Z L, et al. An improved inverse Gaussian process with random effects and measurement errors for RUL prediction of hydraulic piston pump[J]. Measurement, 2021, 173: 108604.

[95] Huynh K T. An adaptive predictive maintenance model for repairable deteriorating systems using inverse Gaussian degradation process[J]. Reliability Engineering & System Safety, 2021, 213: 107695.

[96] Peng W W, Zhu S P, Shen L J. The transformed inverse Gaussian process as an age-and state-dependent degradation model[J]. Applied Mathematical Modelling, 2019, 75: 837-852.

[97] Wang C, Xu J X, Wang H J, et al. Condition-based predictive order model for a mechanical component following inverse Gaussian degradation process[J]. Mathematical Problems in Engineering, 2018, 2018: 9734189.

[98] 裴洪, 胡昌华, 司小胜, 等. 基于机器学习的设备剩余寿命预测方法综述[J]. 机械工程学报, 2019, 55(8): 1-13.

[99] Ahmad W, Khan S, Islam M, et al. A reliable technique for remaining useful life estimation of rolling element bearings using dynamic regression models[J]. Reliability Engineering & System Safety, 2019, 184: 67-76.

[100] Yan M M, Xie L Y, Muhammad I, et al. An effective method for remaining useful life estimation of bearings with elbow point detection and adaptive regression models[J]. ISA Transactions, 2022, 128: 290-300.

[101] Aye S A, Heyns P S. An integrated Gaussian process regression for prediction of remaining useful life of slow speed bearings based on acoustic emission[J]. Mechanical Systems and Signal Processing, 2017, 84: 485-498.

[102] Kumar P, Kumaraswamidhas L A, Laha S K. Bearing degradation assessment and remaining useful life estimation based on Kullback-Leibler divergence and Gaussian processes regression[J]. Measurement, 2021, 174: 108948.

[103] Kumar P S, Kumaraswamidhas L A, Laha S K. Selection of efficient degradation features for rolling element bearing prognosis using Gaussian process regression method[J]. ISA Transactions, 2021, 112: 386-401.

[104] Kundu P, Darpe A K, Kulkarni M S. Weibull accelerated failure time regression model for

remaining useful life prediction of bearing working under multiple operating conditions[J]. Mechanical Systems and Signal Processing, 2019, 134: 106302.

[105] Zhang C L, Ding S F, Sun Y T, et al. An optimized support vector regression for prediction of bearing degradation[J]. Applied Soft Computing, 2021, 113: 108008.

[106] Elforjani M, Shanbr S. Prognosis of bearing acoustic emission signals using supervised machine learning[J]. IEEE Transactions on Industrial Electronics, 2018, 65(7): 5864-5871.

[107] Manjurul Islam M M, Prosvirin A E, Kim J M. Data-driven prognostic scheme for rolling-element bearings using a new health index and variants of least-square support vector machines[J]. Mechanical Systems and Signal Processing, 2021, 160: 107853.

[108] Wang X L, Jiang B, Ding S X, et al. Extended relevance vector machine-based remaining useful life prediction for DC-link capacitor in high-speed train[J]. IEEE Transactions on Cybernetics, 2022, 52(9): 9746-9755.

[109] 雷亚国, 陈吴, 李乃鹏, 等. 自适应多核组合相关向量机预测方法及其在机械设备剩余寿命预测中的应用[J]. 机械工程学报, 2016, 52(1): 87-93.

[110] Zhang C, Lim P, Qin A K, et al. Multiobjective deep belief networks ensemble for remaining useful life estimation in prognostics[J]. IEEE Transactions on Neural Networks and Learning Systems, 2017, 28(10): 2306-2318.

[111] Deutsch J, He D. Using deep learning-based approach to predict remaining useful life of rotating components[J]. IEEE Transactions on Systems, Man, and Cybernetics: Systems, 2018, 48(1): 11-20.

[112] Haris M, Hasan M N, Qin S Y. Early and robust remaining useful life prediction of supercapacitors using BOHB optimized deep belief network[J]. Applied Energy, 2021, 286: 116541.

[113] Cao M D, Zhang T, Wang J, et al. A deep belief network approach to remaining capacity estimation for lithium-ion batteries based on charging process features[J]. Journal of Energy Storage, 2022, 48: 103825.

[114] Bagri S, Manwar A, Varghese A, et al. Tool wear and remaining useful life prediction in micro-milling along complex tool paths using neural networks[J]. Journal of Manufacturing Processes, 2021, 71: 679-698.

[115] Yang B Y, Liu R N, Zio E. Remaining useful life prediction based on a double-convolutional neural network architecture[J]. IEEE Transactions on Industrial Electronics, 2019, 66(12): 9521-9530.

[116] Jiang F, Ding K, He G, et al. Dual-attention-based multiscale convolutional neural network with stage division for remaining useful life prediction of rolling bearings[J]. IEEE Transactions on Instrumentation and Measurement, 2022, 71: 1-10.

[117] Deng F Y, Bi Y, Liu Y Q, et al. Remaining useful life prediction of machinery: A new multiscale temporal convolutional network framework[J]. IEEE Transactions on Instrumentation and Measurement, 2022, 71: 2516913.

[118] He K, Su Z Q, Tian X Q, et al. RUL prediction of wind turbine gearbox bearings based on self-calibration temporal convolutional network[J]. IEEE Transactions on Instrumentation and

Measurement, 2022, 71: 3501912.

[119] Zhuang J C, Jia M P, Ding Y F, et al. Temporal convolution-based transferable cross-domain adaptation approach for remaining useful life estimation under variable failure behaviors[J]. Reliability Engineering & System Safety, 2021, 216: 107946.

[120] Qin Y, Xiang S, Chai Y, et al. Macroscopic-microscopic attention in LSTM networks based on fusion features for gear remaining life prediction[J]. IEEE Transactions on Industrial Electronics, 2019, 67(12): 10865-10875.

[121] Xiang S, Qin Y, Zhu C C, et al. LSTM networks based on attention ordered neurons for gear remaining life prediction[J]. ISA Transactions, 2020, 106: 343-354.

[122] Xia M, Zheng X, Imran M, et al. Data-driven prognosis method using hybrid deep recurrent neural network[J]. Applied Soft Computing, 2020, 93: 106351.

[123] Guo J W, Lao Z P, Hou M, et al. Mechanical fault time series prediction by using EFMSAE-LSTM neural network[J]. Measurement, 2021, 173: 108566.

[124] 车畅畅, 王华伟, 倪晓梅, 等. 基于 1D-CNN 和 Bi-LSTM 的航空发动机剩余寿命预测[J]. 机械工程学报, 2021, 57(14): 304-312.

[125] Xu J, Duan S, Chen W, et al. SACGNet: A remaining useful life prediction of bearing with self-attention augmented convolution GRU network[J]. Lubricants, 2022, 10(2): 21.

[126] Zhou J H, Qin Y, Chen D L, et al. Remaining useful life prediction of bearings by a new reinforced memory GRU network[J]. Advanced Engineering Informatics, 2022, 53: 101682.

[127] Peng W W, Ye Z S, Chen N. Bayesian deep-learning-based health prognostics toward prognostics uncertainty[J]. IEEE Transactions on Industrial Electronics, 2020, 67(3): 2283-2293.

[128] Zhu R, Chen Y, Peng W W, et al. Bayesian deep-learning for RUL prediction: An active learning perspective[J]. Reliability Engineering & System Safety, 2022, 228: 108758.

[129] Li T F, Zhao Z B, Sun C, et al. Hierarchical attention graph convolutional network to fuse multi-sensor signals for remaining useful life prediction[J]. Reliability Engineering & System Safety, 2021, 215: 107878.

[130] Yang X Y, Zheng Y, Zhang Y, et al. Bearing remaining useful life prediction based on regression shapalet and graph neural network[J]. IEEE Transactions on Instrumentation and Measurement, 2022, 71: 3505712.

第 2 章　轴承动力学模型及响应

　　滚动轴承非线性动力学模型已获得广泛的研究，但目前诸多的研究大多关注故障引起的瞬时振动响应特征分析，较少研究全寿命周期缺陷衍生演化退化行为表征规律。有关滚动轴承全寿命周期退化行为的研究，大多来自有限次数的加速寿命实验，难以总结普遍的失效规律。本章基于滚动轴承从健康到失效过程中的滚道表面形貌演变分析，建立针对各个退化阶段的统一非线性耦合动力学模型，分析故障演变与振动响应的映射机理。基于所建立的模型，获得了大量的仿真性能退化数据，总结了滚动轴承普遍退化规律，为后续寿命预测方法研究提供理论支持。

2.1　轴承基本动力学模型

　　图 2.1 是滚动轴承的基本结构和部分几何参数示意图[1]。D_b 为滚动体直径，D_p 为轴承节径，N_b 为滚动体数量，ϕ_i 为第 i 个滚动体的角位置。通常滚动轴承外圈固定在轴承座上，内圈与转轴固定并随着转轴一起转动，滚动体在滚道中做纯滚动运动。滚动轴承在运转过程中，受径向载荷作用力范围的影响，轴承滚道分为承载区和非承载区，进入承载区的滚动体受力发生变形，产生变柔度振动。

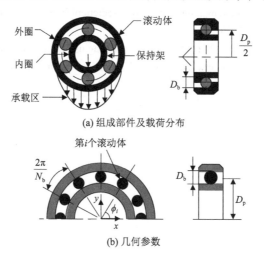

(a) 组成部件及载荷分布

(b) 几何参数

图 2.1　滚动轴承的基本结构和部分几何参数示意图

　　轴承非线性动力学模型如图 2.2 所示，该模型主要包括轴承内圈在 x 和 y 方向的两个自由度，外圈在 x 和 y 方向的两个自由度，以及可以通过调整刚度和阻尼仿真轴承固有频率的高频谐振器。该模型同时考虑了轴承滚动体的变形，采用广义坐标表示轴承滚动体的运动关系，模拟故障轴承的动力学行为。该模型为每个滚动体加入了两个自由度，则轴承动力学模型的自由度为 $2N_b + 6$。

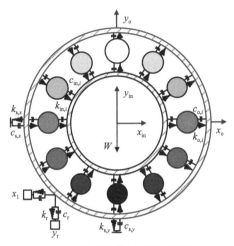

图 2.2　轴承非线性动力学模型

　　第 i 个滚动体和外圈、内圈滚道之间的非线性接触刚度和阻尼分别表示为 $k_{o,i}$、$c_{o,i}$ 和 $k_{in,i}$、$c_{in,i}$。高频谐振器的刚度和阻尼分别表示为 k_r 和 c_r。轴承 x 方向和 y 方向支撑的刚度和阻尼分别表示为 $k_{s,x}$、$c_{s,x}$ 和 $k_{s,y}$、$c_{s,y}$。以上参数可以调整为能够合理匹配实验信号中的低频成分。质量-弹簧-阻尼系统可以仿真 x 方向和 y 方向高频成分的轴承振动响应，x_o 和 y_o 分别表示外圈的振动响应，x_{in} 和 y_{in} 分别表示内圈的振动响应，x_r 和 y_r 分别表示高频谐振器的振动响应。W 表示径向固定载荷。在建模仿真中可以调整以上参数使得仿真的高频振动符合实际振动响应，这些高频成分与系统振动固有频率相匹配。建立如下轴承动力学方程[2]。

　　轴承内圈运动方程表示为

$$m_{in} \begin{bmatrix} \ddot{x}_{in} \\ \ddot{y}_{in} - g \end{bmatrix} + \begin{bmatrix} F_{in,x} + F_{d,in,x} \\ F_{in,y} + F_{d,in,y} \end{bmatrix} = \begin{bmatrix} 0 \\ -W \end{bmatrix} \tag{2.1}$$

其中，m_{in} 表示内圈轴系质量；g 表示重力加速度；$F_{in,x}$ 和 $F_{in,y}$ 分别表示内圈 x 和 y 方向总的接触力；$F_{d,in,x}$ 和 $F_{d,in,y}$ 分别表示内圈 x 和 y 方向总的接触阻尼力。

　　轴承外圈运动方程表示为

$$m_o \begin{bmatrix} \ddot{x}_o \\ \ddot{y}_o - g \end{bmatrix} + \begin{bmatrix} c_{s,x} \dot{x}_o \\ c_{s,y} \dot{y}_o \end{bmatrix} + \begin{bmatrix} k_{s,x} x_o \\ k_{s,y} y_o \end{bmatrix} + \begin{bmatrix} F_{o,x} + F_{d,o,x} \\ F_{o,y} + F_{d,o,y} \end{bmatrix} = \begin{bmatrix} 0 \\ 0 \end{bmatrix} \tag{2.2}$$

其中，m_o 表示外圈质量；$F_{o,x}$ 和 $F_{o,y}$ 分别表示外圈 x 和 y 方向总的接触力；$F_{d,o,x}$ 和 $F_{d,o,y}$ 分别表示外圈 x 和 y 方向总的接触阻尼力。

高频谐振器振动方程表示为

$$m_r \begin{bmatrix} \ddot{x}_r \\ \ddot{y}_r \end{bmatrix} + c_r \begin{bmatrix} \dot{x}_r - \dot{x}_o \\ \dot{y}_r - \dot{y}_o \end{bmatrix} + k_r \begin{bmatrix} x_r - x_o \\ y_r - y_o \end{bmatrix} = \begin{bmatrix} 0 \\ 0 \end{bmatrix} \tag{2.3}$$

其中，m_r 表示高频谐振器质量。

滚动体运动方程表示为

$$m_b \ddot{\rho}_i - m_b \rho_i \omega_c^2 + m_b g \sin \phi_i - \{f\} = 0 \tag{2.4}$$

其中，m_b 表示滚动体质量；ρ_i 表示滚动体的广义坐标；$\{f\}$ 表示滚动体的广义接触力。

保持架的旋转速度如式(2.5)所示：

$$\omega_c = \omega_s \left(1 - \frac{D_b \cos \alpha}{D_p} \right) \tag{2.5}$$

其中，ω_s 为轴的转速；α 为滚动轴承的接触角。

第 i 个滚动体的角位置如式(2.6)所示：

$$\phi_i(t) = \phi_c(t) + \frac{2\pi(i-1)}{N_b} + \varphi_{rnd}, \quad i = 1, 2, \cdots, N_b \tag{2.6}$$

其中，φ_{rnd} 为 0 和 π / N_b 之间的随机数。

保持架角位置如式(2.7)所示：

$$\phi_c(t + dt) = \phi_c(t) + \omega_c dt + v(t) \tag{2.7}$$

其中，$v(t)$ 在 $-\varphi_{slip}$ 和 φ_{slip} 之间，符合滚动轴承元件均匀分布的随机过程；最大相位变化范围 φ_{slip} 是 0.01～0.02rad。

2.2　故障轴承动力学模型

滚动体通过外圈矩形缺陷示意图如图 2.3 所示。定义 X_i 和 Z_i 为第 i 个滚动体和外滚道、内滚道中心的相对位移向量；β_i 为滚动体上变形位置的角度；ψ_i 为最大变形点和 X_i 的夹角；$\theta_{o,i}$ 为 Z_i 和外滚道中心的夹角；外滚道和外滚道中心角度的计算公式为

$$\phi = \theta_{o,i} + \psi_i \tag{2.8}$$

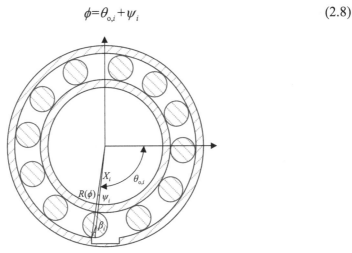

图 2.3　滚动体通过外圈矩形缺陷示意图

在无故障情况下，第 i 个滚动体与内滚道、外滚道的接触变形分别为 $\delta_{in,i}$ 和 $\delta_{o,i}$，计算如式(2.9)和式(2.10)所示：

$$\delta_{in,i} = \frac{d + D_b + cl}{2} - X_i \tag{2.9}$$

$$\delta_{o,i} = \frac{-D + D_b - cl}{2} + Z_i \tag{2.10}$$

其中，d 为内滚道直径；D 为外滚道直径；D_b 为滚动体直径；cl 为轴承径向间隙。

具体的坐标位置关系如式(2.11)和式(2.12)所示：

$$X_i = \begin{bmatrix} \beta_i \cos\phi_i - x_{in} \\ \beta_i \sin\phi_i - y_{in} \end{bmatrix} \tag{2.11}$$

$$Z_i = \begin{bmatrix} \beta_i \cos\phi_i - x_o \\ \beta_i \sin\phi_i - y_o \end{bmatrix} \tag{2.12}$$

为了仿真滚动轴承滚道故障，引入轴承故障开关函数 $\gamma(\phi)$。$\gamma(\phi)$ 是关于角度 ϕ 的开关函数，包含常见的轴承几何缺陷[3]。表征外滚道缺陷中长方形的尖锐边缘的故障函数[4,5]可以表示为

$$\gamma(\phi)=\begin{cases} \lambda, & \phi_{en} < \phi < \phi_{ex} \\ 0, & \text{其他} \end{cases} \tag{2.13}$$

其中，ϕ_{en} 为滚动体进入轴承故障的角位置；ϕ_{ex} 为滚动体离开轴承故障的角位置；λ 为故障深度。

对于外滚道和外滚道中心在角度为 ϕ 的距离 $R(\phi)$ 如式(2.14)所示：

$$R(\phi) = \frac{D+cl}{2} + \gamma(\phi) \tag{2.14}$$

对于外圈故障，第 i 个滚动体的角位置为 ϕ_i，接触变形 $\delta_{b,i}$ 发生在垂直于第 i 个滚动体上变形位置的角度 β_i 处。该模型在外圈给定的 β_i 与 ϕ_i 通过式(2.15)建立联系：

$$\theta_{o,i} = \arccos\left(\frac{\beta_i \cos\phi_i - x_o}{Z_i}\right) \tag{2.15}$$

接触变形 $\delta_{o,i,\beta}$ 垂直于外滚道，当滚动体通过缺陷轮廓时，$\gamma(\phi)$ 对于每个点在角 β_i 的变形如式(2.16)所示：

$$\delta_{o,i,\beta}(\beta) = \frac{2Z_i + D_b \cos\beta_i}{2\cos\psi_i} - R(\theta_{o,i} + \psi_i) \tag{2.16}$$

其中，$R(\theta_{o,i} + \psi_i)$ 为外滚道的极函数；ψ_i 为滚动体上的最大变形点和 X_i 的夹角，如式(2.17)所示：

$$\psi_i = \arctan\left(\frac{D_b \sin\beta_i}{2Z_i + D_b \cos\beta_i}\right) \tag{2.17}$$

因此，接触变形 $\delta_{o,i}$ 通过故障轮廓 $\gamma(\phi)$ 垂直于外滚道，如式(2.18)所示：

$$\delta_{o,i} = \max[\delta_{o,i,\beta}], \quad -\frac{\pi}{2} < \beta_i < \frac{\pi}{2} \tag{2.18}$$

依据赫兹接触理论的表述，接触力和弹性接触变形有关。滚动体和滚道之间有接触时存在接触力，当接触变形相当于 0 或小于 0 时，各自的接触力被设置为 0。本书用下标"+"表示。滚动体和内滚道之间的径向接触力 $Q_{in,i}$ 和 $Q_{o,i}$ 基于载荷-挠度计算，如式(2.19)所示：

$$\begin{bmatrix} Q_{\text{in},i} \\ Q_{\text{o},i} \end{bmatrix} = \begin{bmatrix} K_{\text{in}} \left[\delta_{\text{in},i} \right]_+^n \\ K_{\text{o}} \left[\delta_{\text{o},i} \right]_+^n \end{bmatrix} \tag{2.19}$$

载荷-挠度因子 K_{in} 和 K_{o} 依赖滚动体的曲率和滚道参数，圆柱滚动轴承 $n=10/9$，球面滚动轴承 $n=3/2$，图 2.2 中的弹簧非线性接触刚度 $k_{\text{in},i}$ 和 $k_{\text{o},i}$ 计算如式 (2.20) 所示：

$$\begin{bmatrix} k_{\text{in},i} \\ k_{\text{o},i} \end{bmatrix} = \begin{bmatrix} \partial Q_{\text{in},i} / \partial \delta_{\text{in},i} \\ \partial Q_{\text{o},i} / \partial \delta_{\text{o},i} \end{bmatrix}_+ = \begin{bmatrix} K_{\text{in}} \delta_{\text{in},i}^{n-1} \\ K_{\text{o}} \delta_{\text{o},i}^{n-1} \end{bmatrix}_+ \tag{2.20}$$

非线性接触刚度是接触变形 $\delta_{\text{in},i}$ 和 $\delta_{\text{o},i}$ 的函数。对于滚动轴承，轴承刚度时变特征分析表明，尽管载荷-挠度几乎是线性的，刚度的变化将激励起显著的参数变化。结合式 (2.9)、式 (2.19) 和式 (2.20)，将 N_{b} 个滚动体的接触力相加将得到作用在轴承内圈 x 和 y 方向总的接触力，如式 (2.21) 式 (2.22) 所示：

$$\begin{bmatrix} F_{\text{in},x} \\ F_{\text{in},y} \end{bmatrix} = \sum_{i=1}^{N_{\text{b}}} K_{\text{in}} \left[\delta_{\text{in},i} \right]_+^n \begin{bmatrix} \cos \theta_{\text{in},i} \\ \sin \theta_{\text{in},i} \end{bmatrix} \tag{2.21}$$

$$\theta_{\text{in},i} = \arccos\left(\frac{\beta_i \cos\phi_i - x_{\text{in}}}{X_i} \right) \tag{2.22}$$

相似地，作用在外圈 x 和 y 方向总的接触力定义如式 (2.23) 所示：

$$\begin{bmatrix} F_{\text{o},x} \\ F_{\text{o},y} \end{bmatrix} = -\sum_{i=1}^{N_{\text{b}}} K_{\text{o}} \left[\delta_{\text{o},i} \right]_+^n \begin{bmatrix} \cos \theta_{\text{o},i} \\ \sin \theta_{\text{o},i} \end{bmatrix} \tag{2.23}$$

由于滚动体和滚道之间的润滑油膜接触阻尼包括内圈线性阻尼 $c_{\text{in},i}$ 和外圈线性阻尼 $c_{\text{o},i}$，第 i 个滚动体的接触阻尼力如式 (2.24) 所示：

$$\begin{bmatrix} Q_{\text{d,in},i} \\ Q_{\text{d,o},i} \end{bmatrix} = c \begin{bmatrix} \dot{\delta}_{\text{in},i} \\ \dot{\delta}_{\text{o},i} \end{bmatrix}_+ \tag{2.24}$$

其中，c 为黏性阻尼常数。

作用在内滚道和外滚道 x 和 y 方向总的接触阻尼力分别如式 (2.25) 和式 (2.26) 所示：

$$\begin{bmatrix} F_{\text{d,in},x} \\ F_{\text{d,in},y} \end{bmatrix} = \sum_{i=1}^{N_{\text{b}}} Q_{\text{d,in},i} \begin{bmatrix} \cos \theta_{\text{in},i} \\ \sin \theta_{\text{in},i} \end{bmatrix} \tag{2.25}$$

$$\begin{bmatrix} F_{d,o,x} \\ F_{d,o,y} \end{bmatrix} = -\sum_{i=1}^{N_b} Q_{d,o,i} \begin{bmatrix} \cos\theta_{o,i} \\ \sin\theta_{o,i} \end{bmatrix} \tag{2.26}$$

通常轴承组件阻尼在$(0.25\sim25)\times10^{-5}$N/m(正常情况下为 1N/m)的范围内调整[6]。
为了获得滚动体的方程,采用拉格朗日方程,以广义坐标ρ_i表示滚动体:

$$\frac{\mathrm{d}}{\mathrm{d}t}\frac{\partial T}{\partial\{\rho_i\}} - \frac{\partial T}{\partial\{\rho_i\}} + \frac{\partial V}{\partial\{\rho_i\}} = \{f\} \tag{2.27}$$

其中,T为动能;V为势能。

滚动体在滚道上总的势能和动能分别如式(2.28)和式(2.29)所示:

$$V = \sum_{i=1}^{N_b} m_b g \rho_i \sin\phi_i \tag{2.28}$$

$$T = \sum_{i=1}^{N_b} 0.5 m_b (\dot{\rho}_i \cdot \dot{\rho}_i) + 0.5 I \omega_b^2 \tag{2.29}$$

其中,I为滚动体中心的惯性矩;ω_b为滚动体的转速。

$\dot{\rho}_i$计算如式(2.30)所示:

$$\dot{\rho}_i = (\rho_i \cos\phi_i)\hat{i} + (\rho_i \sin\phi_i)\hat{j} \tag{2.30}$$

式(2.29)中的$\dot{\rho}_i \cdot \dot{\rho}_i$计算如式(2.31)所示:

$$\dot{\rho}_i \cdot \dot{\rho}_i = \dot{\rho}_i^2 + \rho_i^2 \dot{\phi}_i^2 = \dot{\rho}_i^2 + \rho_i^2 \omega_c^2 \tag{2.31}$$

由于$\dot{\phi}_i = \omega_c$,$\omega_b = \omega_c(D_p/D_b + \cos\alpha)$,将式(2.31)代入式(2.29),每个滚道的总动能为

$$T = \sum_{i=1}^{N_b} 0.5 m_b (\dot{\rho}_i^2 + \rho_i^2 \omega_c^2) + 0.5 I \omega_c^2 \left(\frac{D_p}{D_b} + \cos\alpha\right)^2 \tag{2.32}$$

式(2.27)具体计算内容如式(2.33)和式(2.34)所示:

$$\frac{\partial V}{\partial\{\rho_i\}} = m_b g \sin\phi_i \tag{2.33}$$

$$\frac{\mathrm{d}}{\mathrm{d}t}\frac{\partial T}{\partial\{\dot{\rho}_i\}} - \frac{\partial T}{\partial\{\rho_i\}} = m_b \ddot{\rho}_i - m_b \rho_i \omega_c^2 \tag{2.34}$$

式(2.27)中的广义接触力 $\{f\}$ 是作用在每个滚动体径向接触力和阻尼力的总和，可以通过式(2.21)和式(2.25)以及广义坐标 ρ_i 计算：

$$
\begin{aligned}
\{f\} &= \frac{\partial (Q_{\mathrm{in},i} + Q_{\mathrm{o},i} + Q_{\mathrm{d,in},i} + Q_{\mathrm{d,o},i})}{\partial \{\rho_i\}} \\
&= \left(K_{\mathrm{in}} \left[\delta_{\mathrm{in},i} \right]_+^n + c \left[\dot{\delta}_{\mathrm{in},i} \right]_+ \right) \frac{\partial X_i}{\partial \rho_i} + \left(K_{\mathrm{o}} \left[\delta_{\mathrm{o},i} \right]_+^n + c \left[\dot{\delta}_{\mathrm{o},i} \right]_+ \right) \frac{\partial Z_i}{\partial \rho_i}
\end{aligned}
\tag{2.35}
$$

X_i 和 Z_i 对于 ρ_i 的偏导数如式(2.36)和式(2.37)所示：

$$
\frac{\partial X_i}{\partial \rho_i} = \frac{\rho_i - x_{\mathrm{in}} \cos \phi_i - y_{\mathrm{in}} \sin \phi_i}{X_i}
\tag{2.36}
$$

$$
\frac{\partial Z_i}{\partial \rho_i} = \frac{\rho_i - x_{\mathrm{o}} \cos \phi_i - y_{\mathrm{o}} \sin \phi_i}{Z_i}
\tag{2.37}
$$

将以上条件代入轴承动力学模型式(2.1)～式(2.4)，可以得到轴承动力学模型的详细微分方程，通过该动力学模型可以完整地描述轴承的动力学行为。

2.3　轴承性能退化模型

要建立滚动轴承全寿命周期故障演化动力学模型，需要明晰其故障演变机理。考虑实际建模的可行性，将滚动轴承的退化过程划分为健康阶段、缺陷萌生阶段、缺陷扩展阶段、故障形成与失效阶段[7,8]。不同阶段滚道表面形貌呈现特定的状态，并随着时间逐渐演变。健康阶段也叫稳定阶段，是滚动轴承全寿命周期的主要形态。在健康阶段，滚动轴承内外圈滚道和滚动体表面形貌主要呈现为由微观的粗糙度造成的细微不平滑曲面状态。正常情况下这些细微的波动对滚动轴承的宏观振动影响有限，此阶段轴承振动平稳，幅值水平较低，处于正常工作状态。随着轴承的不断运转，材料疲劳、表面磨损等因素导致零部件表面形貌逐渐发生改变，缺陷在此期间开始萌生。缺陷的萌生位置最可能处于轴承的载荷承载区。当超过材料的屈服应力极限时，在相应位置会形成表面凹痕状突起。凹痕的存在导致表面应力进一步增加，裂纹出现的可能性也增大，轴承即将进入到缺陷扩展阶段。早期缺陷呈现为裂纹或细微表面剥落，通常在凹痕位置形成。受到作用在材料表面的剪切力、摩擦力、冲击力等因素的影响，裂纹会沿着平行于滚道表面及表面下方逐步扩展。当裂纹再次扩展至滚道表面时，通常会发生塑性变形，甚至是表面剥落，至此形成了较为明显的宏观表面故障。故障损伤通常用一些几何形状参数来描述，如长度、宽度、深度等。在故障形成阶段，由于滚道表面不再平滑、滚动轴承内部存在材料剥落，此时的摩擦、应力等的交互状况更为复杂，故障会加速扩展。当轴承的振动水平超过机械的允许状态时，需要及时更换维修，以保证安全。

基于前述损伤演变机理的分析，可以建立滚动轴承全寿命周期的统一化动力学模型。建模的主体依据是滚道表面形貌演变过程。表面形貌分布的变化，同时诱发了滚动体与滚道间的接触刚度发生改变。因此，本节建立表面形貌激励与时变刚度激励耦合的非线性动力学模型。基本的模型基于文献[1]的研究，并在其基础上做了匹配各个退化演变阶段特点的改进，具体介绍如下。

2.3.1　健康阶段动力学模型

图 2.4 为五自由度的滚动轴承非线性动力学模型和宏观几何参数示意图，其动力学微分方程建模如式(2.38)所示：

$$\begin{cases} m_{in}\ddot{x}_{in} + c_{in}\dot{x}_{in} + k_{in}x_{in} + f_x = 0 \\ m_{in}\ddot{y}_{in} + c_{in}\dot{y}_{in} + k_{in}y_{in} + f_y = F_{in} + m_{in}g \\ m_o\ddot{x}_o + c_o\dot{x}_o + k_o x_o - f_x = 0 \\ m_o\ddot{y}_o + (c_o + c_r)\dot{y}_o + (k_o + k_r)y_o - k_r y_r - c_r\dot{y}_r - f_y = m_o g \\ m_r\ddot{y}_r + c_r(\dot{y}_r - \dot{y}_o) + k_r(y_r - y_o) = 0 \end{cases} \tag{2.38}$$

其中，m 表示质量；k 表示刚度；c 表示阻尼；下角标 in 表示内圈；下角标 o 表示外圈；下角标 r 表示单元谐振器(模拟系统中的典型高频响应)；x、y 分别表示水平和垂直方向的振动响应；F_{in} 表示施加在内圈(轴系)上的外部径向载荷；f 表示滚动轴承内部非线性接触力，具体计算如式(2.39)所示：

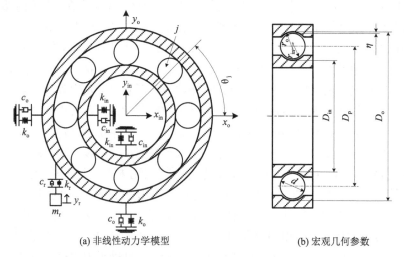

(a) 非线性动力学模型　　　　　　(b) 宏观几何参数

图 2.4　滚动轴承非线性动力学模型和宏观几何参数示意图

$$f_{\#} = \begin{cases} \sum_{j=1}^{N_b} K_j \delta_j^{1.5} \cos\theta_j, & \delta_j > 0 \\ 0, & \delta_j \leqslant 0 \end{cases}, \quad \# = x, y \tag{2.39}$$

其中，N_b 是滚动体数量，下角标 b 表示滚动体；K_j 是滚动体与内外圈滚道的等效接触刚度；δ_j 是第 j 个滚动体处内外圈的相对变形量；θ_j 是第 j 个滚动体的角位置，具体计算如式(2.40)~式(2.42)所示：

$$\theta_j = \omega_o t + \frac{2\pi(j-1)}{N_b} \tag{2.40}$$

$$\omega_o = \frac{1}{2}\left(1 - \frac{D_b}{D_p}\cos\alpha\right)\omega_{in} \tag{2.41}$$

$$\omega_{in} = \frac{2\pi\omega_s}{60} \tag{2.42}$$

其中，t 为时间；ω_o 为滚动体通过外圈的角速度；α 为轴承接触角；ω_{in} 为内圈的角速度；ω_s 为旋转轴的转速。

考虑到材料表面因加工因素存在一定的粗糙度，对该状况进行建模，如图 2.5(a)所示。表面粗糙度被设为服从正态分布的离散值。粗糙度值按照凸面为正、凹面为负的原则选取，由此可得

$$\delta_j = (x_{in} - x_o)\cos\theta_j + (y_{in} - y_o)\sin\theta_j + \eta + (a_{in,j} - a_{o,j} + a_{b,in,j} + a_{b,o,j}) \tag{2.43}$$

其中，η 为轴承游隙；a 为表面粗糙度，其中 $a_{in,j}$ 表示第 j 个滚动体与内圈接触处内圈表面的粗糙度，$a_{o,j}$ 表示第 j 个滚动体与外圈接触处外圈表面的粗糙度，$a_{b,in,j}$ 表示第 j 个滚动体与内圈接触处滚动体表面的粗糙度，$a_{b,o,j}$ 表示第 j 个滚动体与外圈接触处滚动体表面的粗糙度。

滚动体与内外圈滚道的等效接触刚度如式(2.44)所示[1]：

$$K_j = \left[\frac{1}{(1/K_{in,j})^{\frac{3}{2}} + (1/K_{o,j})^{\frac{3}{2}}}\right]^{\frac{3}{2}} \tag{2.44}$$

其中，$K_{in,j}$、$K_{o,j}$ 分别为滚动体与内圈滚道和外圈滚道的接触刚度，对于钢制球和滚道的接触，有

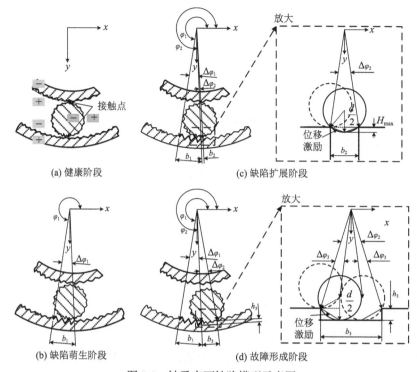

图 2.5 轴承表面缺陷模型示意图

$$K_{\#,j} = 2.15 \times 10^5 \left(\sum \rho_{\#,j} \right)^{-0.5} \left(\delta_{\#,j}^* \right)^{-1.5}, \quad \# = \text{in,o} \tag{2.45}$$

其中，$\sum \rho$ 是接触点处的曲率和；δ^* 是无量纲接触变形量。

接触体和主平面划分示意图如图 2.6 所示，则滚动体与内、外圈接触点处的曲率半径和曲率计算如式(2.46)和式(2.47)所示：

$$\begin{cases} r_{\text{I1,in},j} = \dfrac{D_\text{b}}{2} + a_{\text{b,in},j}, \rho_{\text{I1,in},j} = \dfrac{1}{r_{\text{I1,in},j}} \\[3mm] r_{\text{I2,in},j} = \dfrac{D_\text{b}}{2} + a_{\text{b,in},j}, \rho_{\text{I2,in},j} = \dfrac{1}{r_{\text{I2,in},j}} \\[3mm] r_{\text{II1,in},j} = \dfrac{D_\text{in}}{2} + a_{\text{o},j}, \rho_{\text{II1,in},j} = \dfrac{1}{r_{\text{II1,in},j}} \\[3mm] r_{\text{II2,in},j} = r_\text{in} + a_{\text{o},j}, \rho_{\text{II2,in},j} = -\dfrac{1}{r_{\text{II2,in},j}} \end{cases} \tag{2.46}$$

$$\begin{cases} r_{\mathrm{I}1,\mathrm{o},j} = \dfrac{D_{\mathrm{b}}}{2} + a_{\mathrm{b},\mathrm{o},j}, \ \rho_{\mathrm{I}1,\mathrm{o},j} = \dfrac{1}{r_{\mathrm{I}1,\mathrm{o},j}} \\[2.5ex] r_{\mathrm{I}2,\mathrm{o},j} = \dfrac{D_{\mathrm{b}}}{2} + a_{\mathrm{b},\mathrm{o},j}, \ \rho_{\mathrm{I}2,\mathrm{o},j} = \dfrac{1}{r_{\mathrm{I}2,\mathrm{o},j}} \\[2.5ex] r_{\mathrm{II}1,\mathrm{o},j} = \dfrac{D_{\mathrm{o}}}{2} + a_{\mathrm{o},j}, \ \rho_{\mathrm{II}1,\mathrm{o},j} = -\dfrac{1}{r_{\mathrm{II}1,\mathrm{o},j}} \\[2.5ex] r_{\mathrm{II}2,\mathrm{o},j} = r_{\mathrm{o}} + a_{\mathrm{o},j}, \ \rho_{\mathrm{II}2,\mathrm{o},j} = -\dfrac{1}{r_{\mathrm{II}2,\mathrm{o},j}} \end{cases} \tag{2.47}$$

由此可得内、外圈接触点处的曲率和如式(2.48)所示：

$$\sum \rho_{\#,j} = \rho_{\mathrm{I}1,\#,j} + \rho_{\mathrm{I}2,\#,j} + \rho_{\mathrm{II}1,\#,j} + \rho_{\mathrm{II}2,\#,j}, \quad \# = \mathrm{in,o} \tag{2.48}$$

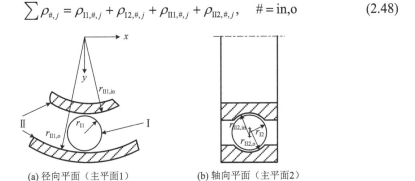

(a) 径向平面（主平面1）　　　　　　　(b) 轴向平面（主平面2）

图 2.6　滚动轴承接触体及主平面划分示意图

无量纲接触变形量如式(2.49)所示：

$$\delta_{\#,j}^{*} = \frac{2\Gamma_{\#,j}}{\pi}\left(\frac{\pi}{2\kappa_{\#,j}E_{\#,j}}\right)^{\frac{1}{3}}, \quad \# = \mathrm{in,o} \tag{2.49}$$

其中，各参数计算如式(2.50)~式(2.53)所示：

$$\kappa_{\#,j} = 1.0339\left(\frac{\sum \rho_{1,\#,j}}{\sum \rho_{2,\#,j}}\right)^{0.636}, \quad \# = \mathrm{in,o} \tag{2.50}$$

$$\Gamma_{\#,j} = 1.5277 + 0.6023\ln\left(\frac{\sum \rho_{1,\#,j}}{\sum \rho_{2,\#,j}}\right), \quad \# = \mathrm{in,o} \tag{2.51}$$

$$E_{\#,j} = 1.0003 + 0.5968\left(\frac{\sum \rho_{2,\#,j}}{\sum \rho_{1,\#,j}}\right), \quad \# = \mathrm{in,o} \tag{2.52}$$

$$\begin{cases} \sum \rho_{1,\#,j} = \rho_{\text{I}1,\#,j} + \rho_{\text{II}1,\#,j} \\ \sum \rho_{2,\#,j} = \rho_{\text{I}2,\#,j} + \rho_{\text{II}2,\#,j} \end{cases}, \quad \# = \text{in,o} \tag{2.53}$$

2.3.2 缺陷萌生阶段动力学模型

凹痕通常是表面剥落的前兆，相关学者对其形貌进行了丰富的研究[9]。在本章中，考虑到建模的统一性，将其简化为一条粗糙度局部增大的痕迹，如图 2.5(b) 所示(以外圈为例)。由此，内、外圈的相对变形量表示为

$$\delta_j = (x_{\text{in}} - x_{\text{o}})\cos\theta_j + (y_{\text{in}} - y_{\text{o}})\sin\theta_j + \eta + (a_{\text{in},j} - a_{\text{o}1,j} + a_{\text{b,in},j} + a_{\text{b,o},j}) \tag{2.54}$$

滚道粗糙度表示为

$$a_{\text{o}1,j} = \begin{cases} a'_{\text{o},j}, & 2n_j\pi + \varphi_1 \leqslant \theta_j \leqslant 2n_j\pi + \varphi_1 + \Delta\varphi_1 \\ a_{\text{o},j}, & \text{其他} \end{cases} \tag{2.55}$$

$$\Delta\varphi_1 = \frac{b_1}{D_{\text{o}}/2} \tag{2.56}$$

$$n_j = \begin{cases} \text{int}\left(\dfrac{\omega_{\text{c}}t}{2\pi}\right), & \varphi_1 \geqslant \dfrac{2\pi(j-1)}{N_{\text{b}}} \\ \text{int}\left(\dfrac{\omega_{\text{c}}t}{2\pi}\right) + 1, & \varphi_1 < \dfrac{2\pi(j-1)}{N_{\text{b}}} \end{cases} \tag{2.57}$$

其中，$a'_{\text{o},j}$ 是凹痕处粗糙度；φ_1 是凹痕初始位置角；$\Delta\varphi_1$ 是凹痕周向跨度角；b_1 是凹痕周向宽度；n_j 是内圈转过的圈数。

另外，凹痕影响了曲率半径，进而也使接触刚度发生变化，因此曲率半径重新表示为

$$r_{\text{II}1,\text{o},j} = \begin{cases} \dfrac{D_{\text{o}}}{2} + a'_{\text{o},j}, & 2n_j\pi + \varphi_1 \leqslant \theta_j \leqslant 2n_j\pi + \varphi_1 + \Delta\varphi_1 \\ \dfrac{D_{\text{o}}}{2} + a_{\text{o},j}, & \text{其他} \end{cases} \tag{2.58}$$

2.3.3 缺陷扩展阶段动力学模型

表面裂纹通常从凹痕后缘开始扩展，模型如图 2.5(c)所示。滚动体经过裂纹处，会释放细微的变形量。因裂纹宽度比较窄，滚动体不会完全跌落缺陷底部，如图 2.5(c)的局部放大所示。内外圈相对变形量表示为

$$\delta_j = (x_{in} - x_o)\cos\theta_j + (y_{in} - y_o)\sin\theta_j + \eta + (a_{in,j} - a_{o2,j} + a_{b,in,j} + a_{b,o,j}) + \lambda_{1j} \quad (2.59)$$

滚道粗糙度表示为

$$a_{o2,j} = \begin{cases} a'_{o,j}, & 2n_j\pi + \varphi_1 \leqslant \theta_j \leqslant 2n_j\pi + \varphi_1 + \Delta\varphi_1 \\ 0, & 2n_j\pi + \varphi_2 < \theta_j \leqslant 2n_j\pi + \varphi_2 + \Delta\varphi_2 \\ a_{o,j}, & \text{其他} \end{cases} \quad (2.60)$$

滚动体经过裂纹释放的位移激励如式(2.61)所示：

$$\lambda_{1j} = \begin{cases} \dfrac{\mathrm{mod}(\theta_j, 2\pi) - \varphi_2}{\Delta\varphi_2/2} \cdot H_{max}, & \begin{array}{l} 2n_j\pi + \varphi_2 \leqslant \theta_j \leqslant \\ 2n_j\pi + \varphi_2 + \Delta\varphi_2/2 \end{array} \\[4mm] \dfrac{\Delta\varphi_2 + \varphi_2 - \mathrm{mod}(\theta_j, 2\pi)}{\Delta\varphi_2/2} \cdot H_{max}, & \begin{array}{l} 2n_j\pi + \varphi_2 + \Delta\varphi_2/2 < \\ \theta_j \leqslant 2n_j\pi + \varphi_2 + \Delta\varphi_2 \end{array} \\[4mm] 0, & \text{其他} \end{cases} \quad (2.61)$$

$$\Delta\varphi_2 = \frac{b_2}{D_o/2} \quad (2.62)$$

$$H_{max} = \frac{d}{2} - \sqrt{\left(\frac{d}{2}\right)^2 - \left(\frac{b_2}{2}\right)^2} \quad (2.63)$$

其中，φ_2 是裂纹初始位置角；$\Delta\varphi_2$ 是裂纹周向跨度角；b_2 是裂纹周向宽度；H_{max} 是最大位移激励。

曲率半径表示如式(2.64)所示：

$$r_{III,o,j} = \begin{cases} \dfrac{D_o}{2} + a'_{o,j}, & 2n_j\pi + \varphi_1 \leqslant \theta_j \leqslant 2n_j\pi + \varphi_1 + \Delta\varphi_1 \\[3mm] \dfrac{D_o}{2} + a'_{o,j,e}, & 2n_j\pi + \varphi_2 < \theta_j \leqslant 2n_j\pi + \varphi_2 + \Delta\varphi_2/2 \\[3mm] \dfrac{D_o}{2} + a'_{o,j,q}, & 2n_j\pi + \varphi_2 + \Delta\varphi_2/2 < \theta_j \leqslant 2n_j\pi + \varphi_2 + \Delta\varphi_2 \\[3mm] \dfrac{D_o}{2} + a_{o,j}, & \text{其他} \end{cases} \quad (2.64)$$

其中，$a'_{o,j,e}$ 是进入裂纹边缘的粗糙度(下角标 e 表示进入)；$a'_{o,j,q}$ 是退出裂纹边缘的粗糙度(下角标 q 表示退出)。

2.3.4　故障形成与失效阶段动力学模型

　　裂纹逐渐扩展导致金属材料从滚道表面剥离，形成剥落故障，模型如图 2.5(d) 所示。当故障宽度较大时，滚动体能落到缺陷底部，如图 2.5(d)的局部放大所示。将内外圈相对变形量表示为

$$\delta_j = (x_{in} - x_o)\cos\theta_j + (y_{in} - y_o)\sin\theta_j + \eta + (a_{in,j} - a_{o3,j} + a_{b,in,j} + a_{b,o,j}) + \lambda_{2j} \quad (2.65)$$

滚道粗糙度表示为

$$a_{o3,j} = \begin{cases} a'_{o,j}, & 2n_j\pi + \varphi_1 \leqslant \theta_j \leqslant 2n_j\pi + \varphi_1 + \Delta\varphi_1 \\ 0, & 2n_j\pi + \varphi_2 < \theta_j \leqslant 2n_j\pi + \varphi_2 + \Delta\varphi_3 \\ a'_{o,j}, & 2n_j\pi + \varphi_2 + \Delta\varphi_3 < \theta_j \leqslant 2n_j\pi + \varphi_2 + \Delta\varphi_2 - \Delta\varphi_3 \\ 0, & 2n_j\pi + \varphi_2 + \Delta\varphi_2 - \Delta\varphi_3 < \theta_j \leqslant 2n_j\pi + \varphi_2 + \Delta\varphi_2 \\ a_{o,j}, & \text{其他} \end{cases} \quad (2.66)$$

滚动体经过剥落故障释放的位移激励如式(2.67)所示：

$$\lambda_{2j} = \begin{cases} \dfrac{\text{mod}(\theta_j, 2\pi) - \varphi_2}{\Delta\varphi_3} \cdot h_3, & 2n_j\pi + \varphi_2 \leqslant \theta_j \leqslant \\ & 2n_j\pi + \varphi_2 + \Delta\varphi_3 \\ & 2n_j\pi + \varphi_2 + \Delta\varphi_3 < \theta_j \leqslant \\ h_3, & 2n_j\pi + \varphi_2 + \Delta\varphi_2 - \Delta\varphi_3 \\ \dfrac{\Delta\varphi_2 + \varphi_2 - \text{mod}(\theta_j, 2\pi)}{\Delta\varphi_3} \cdot h_3, & 2n_j\pi + \varphi_2 + \Delta\varphi_2 - \Delta\varphi_3 < \\ & \theta_j \leqslant 2n_j\pi + \varphi_2 + \Delta\varphi_2 \\ 0, & \text{其他} \end{cases} \quad (2.67)$$

$$\Delta\varphi_3 = \dfrac{\sqrt{\left(\dfrac{D_b}{2}\right)^2 - \left(\dfrac{D_b}{2} - h_3\right)^2}}{D_o / 2} \quad (2.68)$$

　　其中，$\Delta\varphi_3$ 是滚动体恰好位于缺陷边缘和缺陷底部时的周向跨度角；h_3 是剥落深度。

　　曲率半径表示如式(2.69)所示：

$$
r_{\text{III},\text{o},j} = \begin{cases}
\dfrac{D_{\text{o}}}{2} + a'_{\text{o},j}, & 2n_j\pi + \varphi_1 \leqslant \theta_j \leqslant 2n_j\pi + \varphi_1 + \Delta\varphi_1 \\[2mm]
\dfrac{D_{\text{o}}}{2} + a'_{\text{o},j,\text{e}}, & 2n_j\pi + \varphi_2 < \theta_j \leqslant 2n_j\pi + \varphi_2 + \Delta\varphi_3 \\[2mm]
\dfrac{D_{\text{o}}}{2} + h_3 + a'_{\text{o},j,\text{d}}, & 2n_j\pi + \varphi_2 + \Delta\varphi_3 < \theta_j \leqslant 2n_j\pi + \varphi_2 + \Delta\varphi_2 - \Delta\varphi_3 \\[2mm]
\dfrac{D_{\text{o}}}{2} + a'_{\text{o},j,\text{q}}, & 2n_j\pi + \varphi_2 + \Delta\varphi_2 - \Delta\varphi_3 < \theta_j \leqslant 2n_j\pi + \varphi_2 + \Delta\varphi_2 \\[2mm]
\dfrac{D_{\text{o}}}{2} + a_{\text{o},j}, & \text{其他}
\end{cases}
\tag{2.69}
$$

其中，$a'_{\text{o},j,\text{d}}$ 表示剥落缺陷底部的粗糙度(下角标 d 表示底部)。

2.4　轴承动力学响应

2.4.1　仿真信号分析

1. 瞬时振动响应

为了验证所建立模型的正确性，在 MATLAB 平台中应用 ode45 求解器求解各阶段的瞬时振动响应信号进行分析。设置滚动轴承接触角为 0°，滚动体个数为 8，滚动体直径为 7.9274mm，内滚道直径为 25.4989mm，外滚道直径为 41.3677mm，径向游隙为 0.0035mm，旋转轴转速为 840r/min，径向载荷为 5000N。动力学模型参数如表 2.1 所示，参数设置详见文献[1]。

表 2.1　滚动轴承仿真动力学模型参数

参数	数值
$m_{\text{s}}, m_{\text{p}}, m_{\text{r}}$/kg	1.2638, 12.638, 1
$k_{\text{s}}, k_{\text{p}}, k_{\text{r}}$/(N/m)	4.241×10^8, 15.1056×10^8, 8.8826×10^7
$c_{\text{s}}, c_{\text{p}}, c_{\text{r}}$/(N·s/m)	1376.8, 2210.7, 2424.8

以滚动轴承外圈为例，健康阶段的表面粗糙度设定为 0.15μm，缺陷萌生阶段凹痕宽度设定为 30μm，缺陷扩展阶段裂纹宽度设定为 120μm，故障形成阶段剥落的宽度和深度分别设定为 200μm、1.3μm[7]。设置采样频率为 8192Hz。分别求解 2.3 节中四个阶段模型的瞬时振动响应，得到的时域波形如图 2.7 所示。从图中可以看出，健康阶段的振动响应信号没有明显的周期性冲击成分，其波形杂乱且整体幅值水平较低，表明其处于正常运转状态。缺陷萌生阶段开始出现一些冲击

特征，此时损伤不显著，响应信号的整体幅值水平没有较大增长，部分冲击也不明显。缺陷扩展阶段冲击成分变得明显且具有较强的周期性。故障形成阶段冲击成分呈明显周期性，且冲击幅值显著增大。这些结果均与本领域已有的大量研究相符合，表明了所建立的多阶段性能退化动力学模型能有效表示滚动轴承的退化过程。

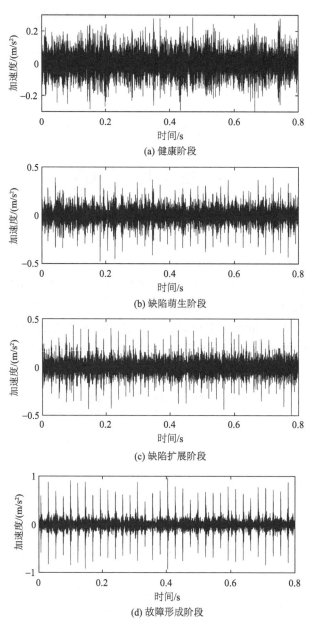

图 2.7　滚动轴承不同退化阶段的典型振动信号时域图

2. 长期退化响应

对完整故障演变过程的振动响应进行求解，可获得全寿命周期状态数据。基于文献[7]的研究，将凹痕宽度的扩展范围设定为 30～360μm，裂纹宽度的扩展范围设定为 20～200μm，剥落宽度的扩展范围设定为 200～2000μm，剥落深度的扩展范围设定为 1.3～13μm。

图 2.8 展示了一组全寿命周期仿真振动响应信号。在该组信号生成过程中，健康阶段的表面粗糙度设定为 0.15μm，缺陷萌生阶段凹痕宽度设定为以 30μm 步长从 0μm 增长到 30μm，缺陷扩展阶段裂纹宽度设定为以 20μm 步长从 0μm 增长到 200μm，故障形成阶段剥落宽度设定为 200μm，剥落深度设定为以 1.3μm 步长从 0μm 增长到 13μm。

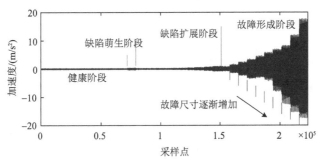

图 2.8 滚动轴承全寿命周期仿真振动信号时域图

从图 2.8 可以看出，仿真信号在健康阶段的幅值水平基本保持不变，缺陷萌生后开始出现缓慢的幅值增长，而最终的故障形成阶段振动幅值则剧烈增加。以上退化过程与已知的实际滚动轴承性能退化趋势基本符合，表明所建立的多阶段性能退化动力学模型可模拟滚动轴承全寿命周期退化行为。因此，该模型为滚动轴承的退化演变规律提供了一种理论层面的解释，阐明了其退化行为的普遍递增过程与振动响应的映射关系。

值得注意的是，图 2.8 仅仿真模拟了一组轴承全寿命周期状态响应信号。事实上，通过改变模型参数，如与轴承型号相关的几何尺寸、与损伤扩展相关的故障尺寸及扩展速度等，甚至可以任意组合故障模式，如改变故障所在元件位置、故障数量等，即可生成一系列不同退化过程的全寿命周期振动响应信号。由此掌握了故障内在演变机理与信号外在表现形式的关联规律。通过仿真信号的分析，对滚动轴承的退化演变有了更深层全面的了解，对后续故障诊断与寿命预测有重要的理论指导价值。

2.4.2　实验信号分析

1. 轴承性能退化实验数据

图 2.9 展示了滚动轴承性能退化实验台的轴承安装及传感器布置示意图。该运行-失效实验数据由文献[10]公开，更多详细信息可参考该文献。在同一旋转轴上安置了 4 个 Rexnord ZA-2115 双列滚动轴承，对转轴径向施加载荷以加速轴承退化过程，旋转轴的转速保持为 2000r/min。在实验过程中，采样率设定为 20kHz，每隔 10min 采集一次数据，每次采样 20480 点(约 1s)。性能退化实验共进行了 3 次。第一次实验结束后，每个轴承有效样本为 2156 组，其中轴承 3(N1_3)内圈发生故障，轴承 4(N1_4)滚动体和外圈发生故障。第二次实验结束后，每个轴承有效样本为 982 组，其中轴承 1(N2_1)外圈发生故障。第三次实验结束后，每个轴承有效样本为 6323 组，其中轴承 3(N3_3)外圈发生故障。

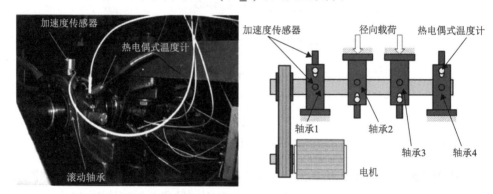

图 2.9　滚动轴承性能退化实验台的轴承安装与传感器布置示意图

2. 振动响应

图 2.10 展示了轴承 N2_1 全寿命周期的振动信号时域图。时域波形的整体演变过程与 2.2 节的仿真分析类似，在健康阶段保持较长时间的稳定低幅振动，随后因为故障萌生，振动响应的幅值开始增加，初期退化的速度较慢，随着缺陷的逐步扩大，退化过程逐渐加快，振动幅值剧烈增大，最终轴承振动水平超过允许阈值。图中 A～D 分别指 2.3 节所述的四个退化阶段，各自选取其中一段时域波形，如图 2.11 所示。从图中可以看出，实际轴承在各个退化阶段的典型振动响应与 2.2 节的仿真分析包含相似的特征。健康阶段的振动响应信号没有明显的周期性冲击成分，其波形杂乱且整体幅值水平较低，类似于噪声。缺陷萌生阶段开始出现一些冲击特征但并不规律，部分冲击也不明显，此时损伤不显著，响应信号的整体幅值水平没有较大增长。缺陷扩展阶段冲击成分变得明显且具有较强的周期性。故障形成阶段冲击成分呈明显周期性，且冲击幅值显著增大。以上实验分

析结果表明本章所建立的滚动轴承性能退化动力学模型符合真实退化规律，有效地揭示了退化行为与振动响应的映射机制。

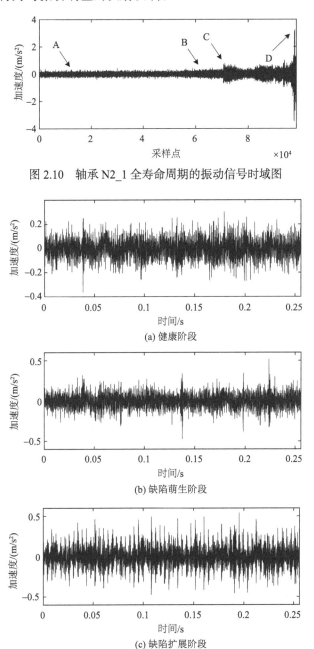

图 2.10　轴承 N2_1 全寿命周期的振动信号时域图

(a) 健康阶段

(b) 缺陷萌生阶段

(c) 缺陷扩展阶段

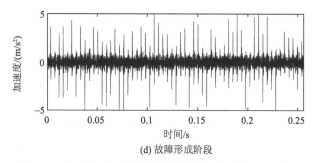

(d) 故障形成阶段

图 2.11　滚动轴承不同退化阶段的典型振动信号时域图

　　本章基于滚动轴承全寿命周期滚道表面形貌的损伤演变机理分析,将退化过程划分为健康阶段、缺陷萌生阶段、缺陷扩展阶段和故障形成阶段,充分考虑时变形貌和时变刚度的耦合激励,建立五自由度的滚动轴承性能退化非线性动力学统一模型,模拟故障连续扩展的退化过程。通过求解非线性动力学模型的振动响应,获得了滚动轴承全寿命周期的仿真性能退化数据。与真实的轴承性能退化实验获得的实际数据对比分析表明,所建立的模型可获得较准确的振动响应。不同阶段的仿真模型获得的响应信号均能在实验信号的相应阶段获得验证。由此表明了所建立的四阶段形貌演变模型是正确的。

参 考 文 献

[1] Sawalhi N, Randall R B. Simulating gear and bearing interactions in the presence of faults: Part I. The combined gear bearing dynamic model and the simulation of localised bearing faults[J]. Mechanical Systems and Signal Processing, 2008, 22(8): 1924-1951.

[2] Ahmadi A M, Petersen D, Howard C. A nonlinear dynamic vibration model of defective bearings—The importance of modelling the finite size of rolling elements[J]. Mechanical Systems and Signal Processing, 2015, 52-53: 309-326.

[3] Petersen D, Howard C, Sawalhi N, et al. Analysis of bearing stiffness variations, contact forces and vibrations in radially loaded double row rolling element bearings with raceway defects[J]. Mechanical Systems and Signal Processing, 2015, 50-51: 139-160.

[4] Cui L L, Zhang Y, Zhang F B, et al. Vibration response mechanism of faulty outer race rolling element bearings for quantitative analysis[J]. Journal of Sound and Vibration, 2016, 364: 67-76.

[5] Rafsanjani A, Abbasion S, Farshidianfar A, et al. Nonlinear dynamic modeling of surface defects in rolling element bearing systems[J]. Journal of Sound and Vibration, 2009, 319(3-5): 1150-1174.

[6] Sunnersjö C S. Varying compliance vibrations of rolling bearings[J]. Journal of Sound and Vibration, 1978, 58(3): 363-373.

[7] El-Thalji I, Jantunen E. Dynamic modelling of wear evolution in rolling bearings[J]. Tribology

International, 2015, 84: 90-99.

[8]　El-Thalji I, Jantunen E. A descriptive model of wear evolution in rolling bearings[J]. Engineering Failure Analysis, 2014, 45: 204-224.

[9]　Liu J, Shao Y M. Overview of dynamic modelling and analysis of rolling element bearings with localized and distributed faults[J]. Nonlinear Dynamics, 2018, 93(4): 1765-1798.

[10] Qiu H, Lee J, Lin J, et al. Wavelet filter-based weak signature detection method and its application on rolling element bearing prognostics[J]. Journal of Sound and Vibration, 2006, 289(4-5): 1066-1090.

第3章　轴承性能退化程度评估方法

本章在滚动轴承动力学机理研究的基础上，对不同故障尺度下的轴承故障特征提取与定量评估方法展开进一步的研究，提出基于阶跃-冲击匹配追踪、级联字典匹配追踪、孪生匹配的轴承性能退化程度评估方法，实现滚动轴承的性能定量诊断。

3.1　基于阶跃-冲击匹配追踪的性能评估

3.1.1　阶跃-冲击字典的构造

当滚动轴承内部发生损伤性故障时，轴承滚动体与故障位置发生碰撞，这种碰撞可以看成弹簧阻尼系统，其振动信号序列中将出现冲击和瞬态振动特征，即故障特征信号。针对故障信号的结构特点，采用参数化函数模型的方法构造该指数衰减函数，可表示为

$$\varphi_{imp}(p,u,f) = \begin{cases} K_{imp}e^{-p(t-u)}\sin(2\pi f t), & t \geqslant u \\ 0, & t < u \end{cases} \tag{3.1}$$

其中，u 为冲击响应事件发生的初始时刻；f 为系统的阻尼固有频率；p 为冲击响应的阻尼衰减特性；K_{imp} 为归一化系数。

这种理想单脉冲仅仅适合滚动轴承局部损伤尺寸极小的情况，随着故障恶化程度的增加，即故障存在一定宽度时，故障引起的脉冲不可能仅仅呈现一种理想单脉冲状态，而是双冲击现象[1,2]。图 3.1 提取了故障直径为 2mm 的滚动轴承外圈故障信号中的冲击特征，从图中可以清楚地看出冲击含有两个明显峰值，分别为滚动体与故障边缘刚刚接触时产生的冲击和离开故障另一边缘时产生的冲击，而使用传统的单冲击模型获得的信号如图 3.2 所示，没能对这一现象进行模拟。

通过对滚动轴承故障机理进行详细分析，可以判定故障引起的脉冲宽度与轴承的型号、测量过程中电机的转速、干扰情况以及局部损伤的面积大小有关。

基于上述分析，建立一种能够反映故障大小的新型冲击字典模型。

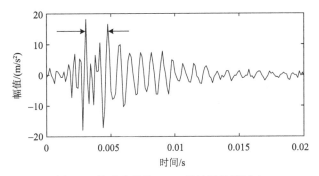

图 3.1　故障直径为 2mm 的轴承故障冲击

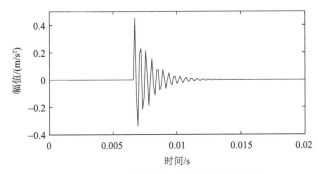

图 3.2　使用传统模型做出的冲击信号

首先计算出滚动体在运行时的线速度以及不同故障引起的脉冲宽度，其中滚动体线速度如式(3.2)所示：

$$s = \pi d_s f_r \tag{3.2}$$

脉冲宽度如式(3.3)所示：

$$p_x = \frac{d_x}{s} \tag{3.3}$$

由缺陷产生的脉冲如式(3.4)所示：

$$x(t) = \begin{cases} 1, & u < t < u + p_x \\ 0, & \text{其他} \end{cases} \tag{3.4}$$

由缺陷产生的冲击可表示为式(3.4)中的脉冲与式(3.1)中传统冲击字典函数模型的卷积，其表达式如式(3.5)所示：

$$\varphi_{\text{imp}}(p, u, f, d_x, d_s, f_r) = \text{conv}(x(t), \varphi_{\text{imp}}(p, u, f)) \tag{3.5}$$

式(3.2)~式(3.5)中，d_s 为轴承小径(mm)；f_r 为转频(Hz)；d_x 为故障直径(mm)；p 为冲击响应的阻尼衰减特性；u 为冲击响应事件发生的初始时刻(s)；f 为系统阻尼固有频率(Hz)。

使用该模型绘制故障直径 2mm 时对应的冲击信号，如图 3.3 所示，与图 3.1 相比，该模型绘制的信号更接近于真实的冲击信号。

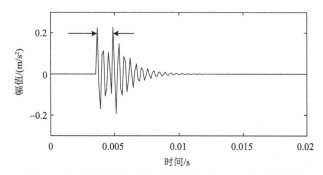

图 3.3　使用新模型绘制的故障直径为 2mm 的冲击信号

上述模型充分考虑了轴承运行状态，与传统冲击字典模型相比，使用这种新型冲击字典模型所建立的原子库，可提取出滚动轴承故障冲击的真实状态。

由图 3.4 可知，当滚动体没有进入故障区域时，其与轴处于匀速旋转的过程中，此时法向上的力平衡，故没有法向上的加速度。当滚动体刚进入故障区域时，轴承对其的压力突然卸载，使得此时法向上产生向下的作用力，从而产生向下的加速度 a_1。规定此时加速度的方向为正方向。可以理解为，加速度在此时突然出现，即加速度产生了类似于阶跃的效应，其示意图见图 3.5 中 t_1 时刻之前的部分。t_1 时刻是加速度重新为零的时刻，即此时法向上的合力为 0，即滚动体与故障后边缘发生撞击的时刻。之后滚动体将要离开故障区域，滚动体重新承载起轴的压力，法向上合力的方向向上，此时产生了向上的加速度 a_2，这一加速度产生的形式与 a_1 相似，只是方向相反，即在加速度的反方向上产生了类似于阶跃的效应，其示意图见图 3.5 中 t_1 时刻之后的部分。

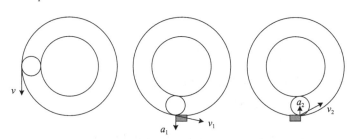

图 3.4　加速度方向整体过程示意图

　　而当滚动体真正与故障发生撞击时，撞击时间非常短，能量非常大，将会激起系统的共振，此时共振所反映出来的响应为指数衰减形式的响应，其示意图见图 3.6。

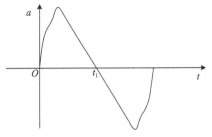
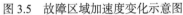

图 3.5　故障区域加速度变化示意图

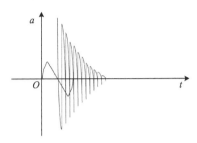

图 3.6　阶跃-冲击响应原理示意图

　　因此，滚动体经过故障的过程所表现出的振动形式为类似于阶跃响应的形式和指数衰减形式的叠加，而不是单纯的两次指数衰减响应的形式，第一次碰撞的响应形式为阶跃响应，第二次撞击的响应形式为冲击形式。

　　本节将单一理想的脉冲作用力优化为类阶跃冲击和指数衰减冲击两种形式，并且推导两次作用力之间的时间间隔大小与故障大小的定量关系。滚动体滚过故障所需时间如式(3.6)所示：

$$\Delta t_0 = \frac{l_0}{\pi D_o f_c} \tag{3.6}$$

其中，l_0 为故障尺寸(mm)；D_o 为轴承外径(mm)；$D_o = D_p + D_b$，见图 3.7；f_c 为保持架转频(Hz)，$f_c = \dfrac{f_r}{2}\left(1 - \dfrac{D_b}{D_p}\cos\alpha\right)$，$f_r$ 为轴的转频(Hz)，α 为压力角。

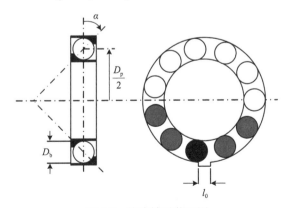

图 3.7　故障轴承截面图

因此，滚动体滚过故障所需的时间如式(3.7)所示：

$$\Delta t_0 = \frac{l_0}{\pi\left(D_{\mathrm{p}} + D_{\mathrm{b}}\right)} \cdot \frac{2}{f_{\mathrm{r}}\left(1 - \dfrac{D_{\mathrm{b}}}{D_{\mathrm{p}}}\right)} = \frac{2l_0 D_{\mathrm{p}}}{\pi f_{\mathrm{r}}\left(D_{\mathrm{p}}^2 - D_{\mathrm{b}}^2\right)} \tag{3.7}$$

若故障直径小于滚动体直径，当滚动体与故障后边缘碰撞时，滚动体中心所经过的距离恰好为故障尺寸的一半，因此两次冲击之间的时间间隔如式(3.8)所示：

$$\Delta t = \frac{\Delta t_0}{2} \tag{3.8}$$

即故障大小与两次冲击之间时间间隔的关系式如式(3.9)所示：

$$l_0 = \frac{\pi f_{\mathrm{r}}\left(D_{\mathrm{p}}^2 - D_{\mathrm{b}}^2\right)}{D_{\mathrm{p}}} \Delta t \tag{3.9}$$

两次冲击分别为类阶跃响应和冲击响应，即阶跃响应发生的时刻在冲击响应发生时刻的前 Δt 时间，冲击时刻发生的时间为 u，因此，阶跃响应发生的时刻为 $u - \Delta t$。冲击响应的表达式如式(3.10)所示：

$$x_{\mathrm{imp}} = \mathrm{e}^{\frac{-(t-u)}{\tau}} \sin(2\pi f_{\mathrm{n}} t) \tag{3.10}$$

其中，u 为冲击响应发生的初始时刻(s)；τ 为系统阻尼系数(s)；f_{n} 为系统固有频率(Hz)。

类阶跃响应的表达式如式(3.11)所示[3]：

$$x_{\mathrm{step}} = \mathrm{e}^{\frac{-(t-u-\Delta t)}{3\tau}} \times \left[-\cos\left(2\pi \frac{f_{\mathrm{n}}}{6} t\right) \right] + \mathrm{e}^{\frac{-(t-u)}{5\tau}} \tag{3.11}$$

轴承故障信号基函数模型如式(3.12)所示：

$$x = a x_{\mathrm{imp}} + x_{\mathrm{step}} \tag{3.12}$$

其中，a 为冲击成分与阶跃成分幅值比。

将式(3.12)作为阶跃-冲击字典的基函数模型，其中，变量 D_{o}、D_{p}、D_{b} 和 f_{r} 根据轴承尺寸以及设备运转情况设置，对参数变量 $(u, \tau, f_{\mathrm{n}}, l, a)$ 进行离散化赋值，采用遗传算法构造新型阶跃-冲击原子库。其中，u 取值 $1/f_{\mathrm{s}} \sim N/f_{\mathrm{s}}$，步长为 $(N/(1024 f_{\mathrm{s}}))$s，其中 N 为待分析信号的长度；f_{s} 为采样频率；τ 取值 $0.0001 \sim 0.0016$，步长为 0.0001，共 16 个点数，4 位编码；f_{n} 取值 $9000 \sim 11047$Hz，步长为 1Hz，

共 2048 个点数，11 位编码；最终故障大小 l 取值 0.32～1.38mm，步长为 0.02mm，共 54 个点数，6 位编码；为了简化计算，令 $a=20$。通过基函数模型构造出的阶跃-冲击原子示意图见图 3.8。

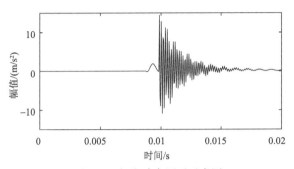

图 3.8　阶跃-冲击原子示意图

3.1.2　阶跃-冲击字典匹配追踪算法

在建立新型稀疏分解算法定量字典的基础上提出了基于阶跃-冲击字典匹配追踪算法的滚动轴承故障定量评估方法[4]。首先按照 3.1.1 节所述步骤构造阶跃-冲击原子库，采用遗传算法寻优功能选取最匹配原子，重构信号，在重构信号中找出类阶跃响应发生时刻和冲击响应发生时刻，求取时间间隔，然后计算该时间间隔所对应的故障尺寸。其具体步骤如下。

(1)初始化残差和能量。将待分解信号 f 赋给残差信号，得到初始残差信号 R_0。

(2)最匹配原子选取。

首先，定义原子库，如式(3.13)所示：

$$D(u,\tau,f_n,l_0)=\{g_i, i=1,2,\cdots,m\} \tag{3.13}$$

其中，$D(u,\tau,f_n,l_0)$ 为阶跃-冲击原子库；g_i 为原子，$\|g_i\|=1$，是经归一化处理后具有单位能量的原子；m 为原子个数。

随后，采用遗传算法选取最匹配原子 g_{0j}，$j=1,2,\cdots,K$，K 为迭代次数。

(3)更新残差信号。残差信号减去残差信号在最匹配原子上的投影，即可得到新的残差信号。投影系数如式(3.14)所示：

$$c_j=\left\langle R_j,g_{0j}\right\rangle \tag{3.14}$$

新的残差信号如式(3.15)所示：

$$R_{j+1}=R_j-c_jg_{0j} \tag{3.15}$$

(4)迭代终止。选取基于衰减系数残差比阈值的迭代终止条件，满足终止条件则匹配过程结束，否则循环执行步骤(2)和(3)。

(5)信号重构。将 K 次信号的匹配投影进行线性叠加，得到近似重构信号如式(3.16)所示：

$$f = \sum_{j=1}^{K} c_j g_{0j} \tag{3.16}$$

(6)故障值预估。通过 MATLAB 软件标出重构信号中阶跃响应和冲击响应发生的时刻 u_1、u_2，并求取其时间间隔 $\Delta t'$，根据式(3.18)预估故障值 l'：

$$\Delta t' = u_2 - u_1 \tag{3.17}$$

$$l' = \frac{\pi f_r (D_p^2 - D_b^2)}{D_p} \Delta t' \tag{3.18}$$

3.1.3 仿真及实验验证

1. 仿真信号分析

模拟轴承外圈故障信号，轴承各尺寸信息见表 3.1。设置采样频率为 65536Hz，数据点数为 2048，故障大小为 1.2mm，轴的转速为 800r/min，系统固有频率为 10000Hz，$\tau = 0.001s$，两次冲击发生的时刻分别为 0.005s 和 0.02s。染噪的仿真信号时域波形如图 3.9 所示。

表 3.1 NACHI 2206GK 轴承参数表

轴承参数	D_b/mm	D_p/mm	$\alpha/(°)$	滚珠个数
参数取值	7.95	45.15	0	11

从仿真信号波形图中可以看到在大的冲击前有一个小突起的冲击存在，即为可以反映故障大小的"双冲击"现象。但是小冲击极易淹没在噪声中。

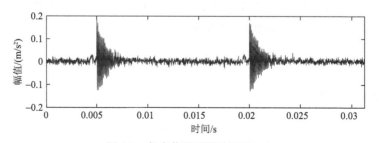

图 3.9 仿真信号时域波形图(一)

应用阶跃-冲击字典匹配追踪算法对该染噪仿真信号进行故障特征提取。设置遗传算法参数：遗传算法编码长度为 31，交叉概率为 0.6，变异概率为 0.01，种群规模为 600，进化代数为 50。仿真信号重构时域波形见图 3.10，两次响应及故障信息见表 3.2。从重构波形与原始波形的对比和表 3.2 数据可以看出，基于阶跃-冲击字典匹配追踪算法可以实现轴承故障的定量诊断，所求结果与故障仿真信号较为接近。

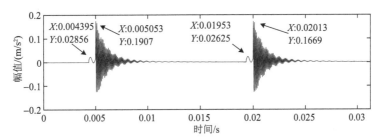

图 3.10　仿真信号重构时域波形图(一)

表 3.2　仿真信号重构波形两次响应及故障信息

重构形式	阶跃 1	冲击 1	阶跃 2	冲击 2
响应发生时刻/s	0.004395	0.005053	0.01953	0.02013
时间间隔/s		0.000658		0.0006
故障大小/mm		1.205		1.099
平均故障/mm			1.152	
误差/%			4	

2. 实验信号分析

选取新南威尔士大学(University of New South Wales, UNSW)实验台的实验数据[1]。图 3.11 为实验信号时域波形图。从图中可以看到双冲击现象的存在，并且第二次冲击能量明显高于第一次冲击能量。

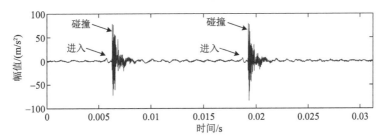

图 3.11　实验信号时域波形图(一)

在本实验中所使用的轴承为 NACHI2206GK，其尺寸为 $D_b=7.95\text{mm}$，$D_p=45.15\text{mm}$，$f_r=40/3\text{Hz}$，因此，由式(3.9)可以得到，$\Delta t = \dfrac{l_0 D_p}{\pi f_r (D_p^2 - D_b^2)} = 0.000546l_0 \text{s}$。

数据采样频率为 65536Hz，截取 2048 个数据点，字典中原子长度设置为 1024 个点。图 3.12 为外圈实验信号重构时域波形，重构波形中阶跃响应以及冲击响应及故障信息见表 3.3。

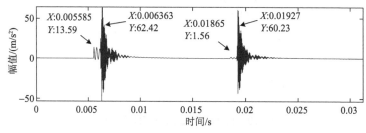

图 3.12　实验信号重构时域波形图(一)

表 3.3　实验信号重构波形两次响应及故障信息

重构形式	阶跃 1	冲击 1	阶跃 2	冲击 2
响应发生时刻/s	0.005585	0.006363	0.01865	0.01927
时间间隔/s		0.000778		0.00062
故障大小/mm		1.425		1.136
平均故障/mm		1.2805		
误差/%		6.71		

3.2　基于级联字典匹配追踪的性能评估

阶跃-冲击字典匹配追踪算法可以实现退化性能程度的评估，但各个匹配原子携带的故障尺寸信息与真实故障尺寸之间存在较大的误差，在迭代过程中，造成故障大小误判的原因多数是阶跃成分提取不准确，而通过"双冲击"的理论进行故障定量诊断需要准确的两次响应初始时刻。为了避免错误原子的选择并提高故障定量诊断准确率，本节在 3.1 节提出阶跃-冲击字典的基础上进行改进，提出级联字典匹配追踪算法。

级联字典将阶跃-冲击字典拆分为两个独立的字典，级联的上级为冲击时频字典，将其输出参数即冲击发生的时刻作为输入量，进入下级类阶跃字典，通过冲击发生的时刻信息实现两个字典的级联[5]。

3.2.1　级联字典的构造

在级联字典中，为了更好地提取故障特征，将冲击时频字典作为级联字典的上级，将类阶跃字典作为级联字典的下级，将从冲击字典提取的原子输出时间参数作为下级字典的输入量实现级联。

上级字典函数模型如式(3.19)所示：

$$g_{imp}(u, \tau, f_n) = e^{\frac{-(t-u)}{\tau}} \sin(2\pi f_n t) \tag{3.19}$$

其中，u 为冲击响应发生的初始时刻(s)；τ 为系统阻尼系数(s)；f_n 为系统固有频率(Hz)。

下级字典函数模型如式(3.20)所示：

$$g_{step}(u, \tau, f_n, \Delta t) = e^{\frac{-(t-u-\Delta t)}{3\tau}} \times \left[-\cos\left(2\pi \frac{f_n}{6} t\right) \right] + e^{\frac{-(t-u)}{5\tau}} \tag{3.20}$$

其中，Δt 为两次响应之间的时间间隔(s)。

通过式(3.19)、式(3.20)可以构造冲击时频和类阶跃原子，图 3.13 和图 3.14 分别是冲击时频原子和类阶跃原子示意图。

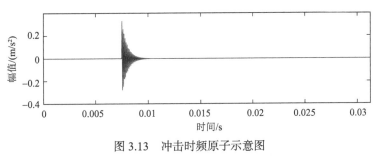

图 3.13　冲击时频原子示意图

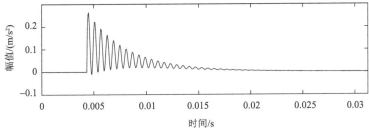

图 3.14　类阶跃原子示意图

　　根据以上函数模型，同样采用离散化参数赋值法构造上级字典 $G_{imp} = \{g_{1i}, i = 1, 2, \cdots, m\}$ 和下级字典 $G_{step} = \{g_{2i}, i = 1, 2, \cdots, m\}$，其中 m 为字典大小。在上级字典中，存在三个参数 u、τ、f_n，根据被测信号确定三个参数的取值范围，其中 u 根据被测信号的时间范围确定，τ、f_n 根据系统固有特性设置；而在下级字典中，存在三个参数 τ、f_n、Δt，此处 τ、f_n 的设置同冲击字典，u 则无须设置取值范围，即为上级字典的输出量，直接作为下级字典的输入，而 Δt 根据故障大小设置。

　　在上级字典选取最匹配原子后，返回该冲击原子的各个参数，将冲击发生的时刻 u 作为输入量输入下级字典中，并设置搜索区域 $[u - \Delta t, u)$，在此搜索区域内搜寻与故障信号最匹配的阶跃响应形式。因此，在匹配追踪过程中，上级字典的最匹配原子选择只进行一次，而类阶跃原子是在冲击时频原子的级联作用下选取。

3.2.2　级联字典匹配追踪算法

　　级联字典匹配追踪算法的具体步骤如下。

　　(1)初始化。初始化残差以及能量，将待分析信号 f 赋给残差信号，得到初始残差信号 $R_0 = f$。

　　(2)上级字典原子匹配。对 3.2.1 节中的上级字典 $G_{imp} = \{g_{1i}, i = 1, 2, \cdots, m\}$ 进行最匹配原子 g_{1k} 的选取，冲击匹配原子的选取见式(3.21)，并返回其各个参数信息 u、τ、f_n 保存，并获得新的残差信号 R_1：

$$\left| \langle R_0, g_{1k} \rangle \right| = \sup \left\| \langle R_0, g_{1i} \rangle \right\| \tag{3.21}$$

$$R_1 = R_0 - \left| \langle R_0, g_{1k} \rangle \right| g_{1k} \tag{3.22}$$

　　(3)下级字典原子匹配。将步骤(2)中 u 作为字典的输入量，进入下级字典 $G_{step} = \{g_{2i}, i = 1, 2, \cdots, m\}$，依据式(3.23)定义下级字典的搜索域 Δu，则第 k 次迭代的阶跃匹配原子 g_{2k} 选取见式(3.24)：

$$\Delta u = [u - \Delta t, u) \tag{3.23}$$

$$\left| \langle R_{k-1}, g_{2k} \rangle \right| = \sup \left\| \langle R_{k-1}, g_{2i} \rangle \right\| \tag{3.24}$$

　　(4)更新残差信号。依据式(3.25)将残差信号在每次迭代的匹配原子 g_{2k} 上投影，则第 k 次迭代后的残差信号为 R_{k+1}，其中 K 为迭代次数：

$$R_{k+1} = R_k - \sum_{k=1}^{K} \langle R_k, g_{2k} \rangle g_{2k} \tag{3.25}$$

(5)检验是否满足迭代终止条件。终止条件仍然选取基于衰减系数残差比阈值，若满足则结束迭代进入步骤(6)；否则重复执行步骤(3)~(5)。

(6)信号重构。重构信号可近似表示为

$$f = \sum_{k=1}^{K} \langle R_k, g_{2k} \rangle g_{2k} \tag{3.26}$$

(7)故障值预估。通过 MATLAB 软件标出重构信号时域波形中阶跃响应以及冲击响应发生的时刻 u_1、u_2，并求取其时间间隔 $\Delta t'$ 如式(3.27)所示，根据式(3.28)预估故障值 l'，式(3.28)中各个参数同 3.1 节：

$$\Delta t' = u_2 - u_1 \tag{3.27}$$

$$l' = \frac{\pi f_r (D_p^2 - D_b^2)}{D_p} \Delta t' \tag{3.28}$$

(8)原子筛选。求取每次迭代过程阶跃匹配原子的故障大小与预估故障值 l' 之间的偏差绝对值，并选取偏差绝对值最小的原子，如式(3.29)所示，记录其反映出来的故障大小作为二次预估值 l_g'：

$$|\sigma|_{min} = min \| l_0 - l' \| \tag{3.29}$$

(9)定量诊断。最终故障大小 l 即为预估故障与二次预估值的平均值，如式(3.30)所示：

$$l = \frac{1}{2}(l' + l_g') \tag{3.30}$$

3.2.3 仿真及实验验证

为了与阶跃-冲击字典匹配追踪算法对比，本节使用的仿真信号和实验信号均与 3.1 节相同。阶跃-冲击字典每次从残差信号中提取的是阶跃-冲击形式的原子，如图 3.8 所示，从图中可以看出，冲击成分所占的比重相比于类阶跃成分要大。而对于故障尺寸的判断需要两部分成分都比较准确，单纯保证冲击时频成分的准确无法实现定量诊断，因此，提高类阶跃成分的匹配是定量诊断的关键。级联字典匹配追踪算法合理地避免了高能量冲击成分对阶跃成分提取的影响，冲击成分只提取一次，随后将其匹配原子信息中冲击发生时刻的信息作为输入量，输入到类阶跃字典中，此后，在类阶跃字典中反复迭代寻找类阶跃原子。

1. 仿真信号分析

应用级联字典匹配追踪算法处理仿真信号，迭代终止条件为基于衰减系数的残差比阈值，其中 a 取 0.6。在本次计算中，截取的第一段数据匹配出 3 个类阶跃原子进行重构，截取的第二段数据匹配出 2 个类阶跃原子进行重构。仿真信号时域波形见图 3.15，重构信号时域波形见图 3.16，各个冲击匹配原子时域波形见图 3.17，各个类阶跃匹配原子时域波形见图 3.18，详细参数见表 3.4，平均实际误差为 19.5%。

从重构结果可以看出，级联字典匹配追踪算法可以将故障特征成分有效准确地提取出来，剔除了大部分的噪声成分，重构效果良好。

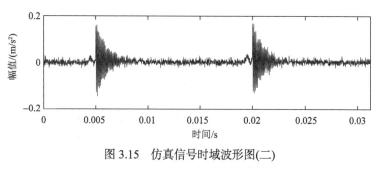

图 3.15　仿真信号时域波形图(二)

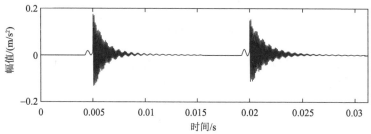

图 3.16　仿真信号重构时域波形图(二)

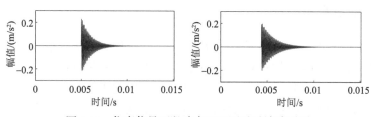

图 3.17　仿真信号两段冲击匹配原子时域波形图

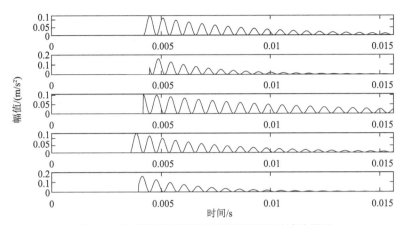

图 3.18　仿真信号两段类阶跃匹配原子时域波形图

表 3.4　仿真信号各匹配原子参数

重构形式	原子	l_0/mm	τ/s	f_n/Hz	偏差/mm	实际误差/%
	原子 1	1.21	0.0009	10034	0.01	0.83
第一段数据	原子 2	0.75	0.0005	10458	0.45	37.5
	原子 3	1.28	0.0015	9384	0.08	6.67
第二段数据	原子 4	1.23	0.0008	10079	0.03	2.5
	原子 5	0.6	0.0005	9427	0.6	50

　　依照 3.2.2 节所述故障定量诊断方法,首先进行故障预估,即通过分析重构信号的时域波形图来获得类阶跃响应和冲击响应发生的时刻,再根据时间间隔预估故障。故障预估时域波形见图 3.19,预估响应及故障信息见表 3.5。

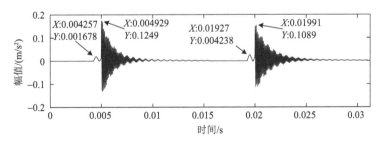

图 3.19　仿真信号故障预估时域波形图

表 3.5　仿真信号预估响应及故障信息

重构形式	阶跃 1	冲击 1	阶跃 2	冲击 2
响应发生时刻/s	0.004257	0.004929	0.01927	0.01991

续表

重构形式	阶跃1	冲击1	阶跃2	冲击2
时间间隔/s	0.000672		0.00064	
故障大小/mm	1.22		1.17	
平均故障/mm		1.195		
误差/%		0.42		

从表 3.5 可以看出，通过故障预估得到的故障大小为 1.195mm，与实际故障相比误差为 0.42%。

2. 实验信号分析

应用级联字典匹配追踪算法处理实验信号，迭代终止条件为基于衰减系数的残差比阈值，其中 a 取 0.6，截取的第一段数据匹配出 2 个类阶跃原子用于信号的重构，截取的第二段数据也匹配出 2 个类阶跃原子用于信号的重构。实验信号时域波形见图 3.20，重构信号时域波形见图 3.21，各个冲击匹配原子时域波形见图 3.22，各个类阶跃匹配原子时域波形图见图 3.23，原子 1~4 的各个参数见表 3.6。从图 3.20 可以看出，实验信号中，阶跃成分被背景噪声所淹没，而图 3.21 的重构信号将并不明显的类阶跃相应成分提取出来，重构效果较好。

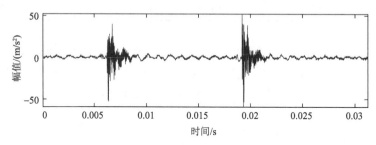

图 3.20　实验信号时域波形图(二)

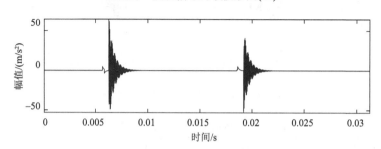

图 3.21　实验信号重构时域波形图(二)

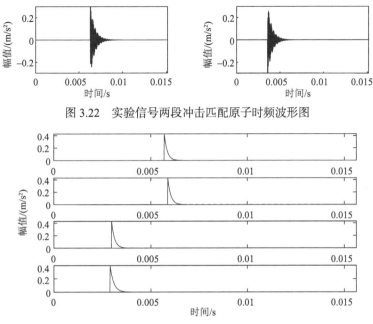

图 3.22　实验信号两段冲击匹配原子时频波形图

图 3.23　实验信号两段类阶跃匹配原子时域波形图

表 3.6　实验信号各匹配原子参数

重构形式	原子	l_0/mm	τ/s	f_n/Hz	偏差/mm	实际误差/%
第一段数据	原子 1	1.15	0.0005	20752	0.05	4.17
	原子 2	0.82	0.0005	19099	0.38	31.67
第二段数据	原子 3	1.06	0.0005	19461	0.14	11.67
	原子 4	1.21	0.0006	20852	0.01	0.83

依照 3.2.2 节所述故障定量诊断方法，首先进行故障预估，即通过分析重构信号的时域波形来获得类阶跃响应和冲击响应发生的时刻，再根据时间间隔预估故障。故障预估时域波形见图 3.24，预估响应及故障信息见表 3.7。

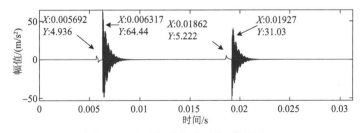

图 3.24　实验信号故障预估时域波形图

表 3.7　实验信号预估响应及故障信息

重构形式	阶跃 1	冲击 1	阶跃 2	冲击 2
响应发生时刻/s	0.005692	0.006317	0.01862	0.01927
时间间隔/s	0.000625		0.00065	
故障大小/mm	1.14		1.19	
平均故障/mm		1.165		
误差/%		2.92		

从表 3.7 可以看出，通过故障预估得到的故障大小为 1.165mm，与实际故障相比误差为 2.92%。本节方法不仅提高了原子选择的准确性，也提高了计算效率，见表 3.8。

表 3.8　算法计算时间

算法	时间/s
阶跃-冲击字典匹配追踪算法	39.4
级联字典匹配追踪算法	34.9

3.3　基于数字孪生匹配的性能评估

由于实际机械系统结构复杂、运行环境可能存在噪声干扰等，对实际信号而言，往往较难直接从时域波形中提取出双冲击的时间差。为此本节通过对滚动轴承的瞬时动力学行为进行分析，提出基于数字孪生的滚动轴承故障定量诊断方法，从孪生信号中获得其故障特征信息，避免了从时域波形提取特征容易受到干扰的问题。

3.3.1　双冲击定量评估原理

为了直观探究滚动体通过具有较大故障尺寸缺陷时的动力学行为，本节基于第 2 章的研究，构建故障滚动轴承动力学模型并生成仿真振动信号。仿真所模拟轴承的型号为 6010，具有 N_b=14 个滚动体，滚动体直径 D_b=8.74mm，轴承节径 D_p=65mm，轴承接触角 α=0°，轴转频 f_r=7Hz(对应转速 ω_s=420r/min)，转轴逆时针旋转。动力学模型参数参见表 2.1。

不失一般性，以外圈 l=1mm 宽度缺陷对应的振动响应信号为例展开分析。为了获得较为纯净的振动响应波形以便于分析，在此未考虑表面粗糙度，故将其置零。缺陷的位置及各滚动体初始位置如图 3.25 所示，图中 1 号滚动体初始处在水平 0°位置。

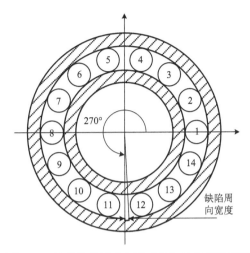

图 3.25 缺陷的位置及各滚动体初始位置示意图

第 11 号滚动体进入和退出缺陷的状态如图 3.26 所示。从图中可以看出，滚动体在缺陷边缘处于一种临界状态，分析认为在其运动状态发生改变的瞬间，滚动体与滚道间的接触力会发生改变。在滚动体进入缺陷并向前继续运动的瞬时，由于离心力的影响，其将与内圈滚道脱离接触，因此接触力会消失。在滚动体退出缺陷并向前继续运动的瞬时，由于保持架的推动，其将与内圈滚道重新接触，因此接触力会重新加载。接触力状态的瞬时改变形成脉冲作用，从而激起系统的振动。因此，滚动体经过缺陷时会产生两个冲击响应，分别对应进入缺陷和退出缺陷。在不考虑滚动体的打滑、缺陷边缘较为锐利的状态下，显然可知滚动体经过缺陷的时间与缺陷尺寸有固定的对应关系。

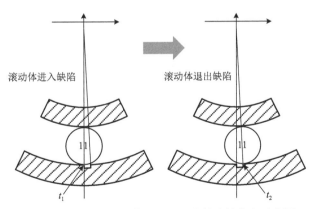

图 3.26 第 11 号滚动体进入和退出缺陷的状态示意图

随后通过动力学仿真分析探究"双冲击"现象，在 MATLAB 平台中求解瞬时振动响应信号进行分析。将前述参数输入到动力学模型中，获得第 11 号滚动体第一次经过缺陷的振动响应信号，如图 3.27 所示，图中还展示了缺陷位置与响应信号的对应关系。

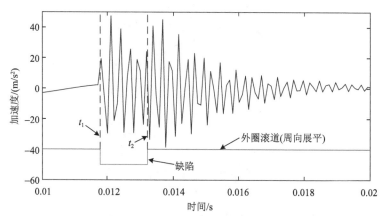

图 3.27　第 11 号滚动体第一次经过缺陷的振动信号时域波形图

图 3.27 中两条竖虚线为第 11 号滚动体进入缺陷和退出缺陷的时刻，从图中提取该时间值，有 t_1=0.0118s，t_2=0.0132s，二者时间差 $\Delta t = t_2 - t_1$=0.0014s。从图中可以看出，滚动体经过缺陷，形成了两组明显的冲击峰，且两次冲击峰的起始时刻与滚动体进入缺陷和退出缺陷的时间分别重合。因此，基于"双冲击"现象，可以推导出如下定量故障尺寸估计公式。

由几何关系可知，滚动体通过外滚道缺陷的时间如式(3.31)所示：

$$\Delta t = \frac{\Delta \varphi}{\omega_{\text{cage}}} \tag{3.31}$$

其中，$\Delta \varphi$ 是缺陷的周向跨度角；ω_{cage} 是保持架通过外圈角频率。二者计算式为

$$\Delta \varphi = \frac{l}{\pi(D_{\text{m}} + D_{\text{b}})} 2\pi \tag{3.32}$$

$$\omega_{\text{cage}} = \frac{1}{2}\left(1 - \frac{D_{\text{b}}}{D_{\text{m}}}\right)\omega_{\text{s}} \tag{3.33}$$

$$\omega_{\text{in}} = \frac{2\pi\omega_{\text{s}}}{60} \tag{3.34}$$

其中，ω_{in} 是轴旋转角频率。

将式(3.32)~式(3.34)代入式(3.31)中，可得滚动体通过外圈缺陷的时间与故障尺寸的关系如式(3.35)所示：

$$\Delta t = \frac{2lD_{\mathrm{m}}}{(D_{\mathrm{m}}^2 - D_{\mathrm{b}}^2)\pi f_{\mathrm{r}}} \tag{3.35}$$

由几何关系可知，滚动体通过内滚道缺陷的时间如式(3.36)所示：

$$\Delta t = \frac{\Delta \varphi}{\omega_{\mathrm{in}} - \omega_{\mathrm{cage}}} \tag{3.36}$$

此时缺陷的周向跨度角如式(3.37)所示：

$$\Delta \varphi = \frac{l}{\pi(D_{\mathrm{m}} - D_{\mathrm{b}})} \cdot 2\pi \tag{3.37}$$

将式(3.33)、式(3.34)、式(3.37)代入式(3.36)中，可得滚动体通过内圈缺陷的时间与故障尺寸的关系如式(3.38)所示：

$$\Delta t = \frac{2lD_{\mathrm{m}}}{(D_{\mathrm{m}}^2 - D_{\mathrm{b}}^2)\pi f_{\mathrm{r}}} \tag{3.38}$$

对比可见式(3.38)与式(3.35)具有相同的表达式。

将仿真模型的各参数代入式(3.35)中，计算得到的时间差 Δt=0.0014s。与图 3.27 中滚动体进入缺陷和退出缺陷的时间差一致。由此可通过推导公式获得估计的故障尺寸 l' 如式(3.39)所示：

$$l' = \frac{(D_{\mathrm{m}}^2 - D_{\mathrm{b}}^2)\pi f_{\mathrm{r}}}{2D_{\mathrm{m}}} \cdot \Delta t \tag{3.39}$$

由式(3.39)可知，要准确估计故障尺寸 l，必须准确提取双冲击的时间差 Δt。然而，由于实际机械系统结构复杂、运行环境可能存在噪声干扰等，对实际信号而言，并不是总能非常容易地提取出双冲击的时间差。即使对单一轴承系统无噪声仿真信号，如果没有依据预先设定的参数，就不能在图中准确指出时间 t_2 的位置，通常也并不能从中准确判别哪个冲击峰值对应滚动体退出缺陷的瞬时时刻。此外值得注意的是，滚动体退出缺陷引起的冲击，其实与之前滚动体进入缺陷的冲击发生了叠加，这进一步增大了提取第二次冲击时刻的难度。

因此，如何从双冲击不显著信号中准确提取时间差，是实现双冲击定量诊断的前提，也是限制该诊断方法有效应用的瓶颈。3.3.2 节将提出数字孪生匹配定量评估算法，从信号内在机理出发，避免直接辨识时域波形的冲击位置，进而有效地提取双冲击特征。

3.3.2 数字孪生匹配定量评估算法

由于实际信号通常含有噪声干扰，双冲击特征并不显著。已有方法往往囿于使用某种降噪算法对信号波形进行处理，意图提高信噪比，以增强双冲击特征。但是此举总会改变信号波形的形状，若算法参数等设置不当，严重时可能造成信号畸变，从而影响定量诊断的效果。为避免前述问题，需要在不改变信号波形的同时，仍能提取出信号的冲击特征。为此本节提出数字孪生匹配定量评估算法，其原理示意如图 3.28 所示，具体解释如下。

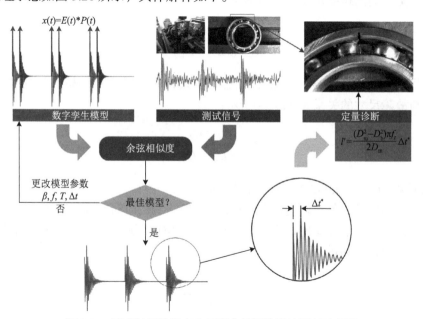

图 3.28 滚动轴承数字孪生匹配定量评估算法原理示意图

要应用数字孪生匹配定量评估算法，首先需要对机械装备进行物理建模。由于故障诊断依靠机械的振动信号，因此以信号特征为导向，对其进行建模。分析第 2 章的仿真信号可知，滚动轴承的故障振动信号通常表现为周期性的衰减冲击振动，为简化模型并提高计算效率，直接将其建模为有阻尼单自由度系统的脉冲激励响应，如式(3.40)所示：

$$E(t) = \mathrm{e}^{-\beta t} \sin(2\pi f_{\mathrm{h}} t) \tag{3.40}$$

其中，β 为衰减系数；f_{h} 为高频共振频率。

依据 3.3.1 节介绍的双冲击原理，构建双脉冲周期函数如式(3.41)所示：

$$P(t) = \sum_{k=-\infty}^{+\infty} \delta(t - kT) + \delta(t - kT - \Delta t) \tag{3.41}$$

其中，δ 为单位脉冲函数；T 为故障特征周期；$P(t)$ 的构造如图 3.29 所示。

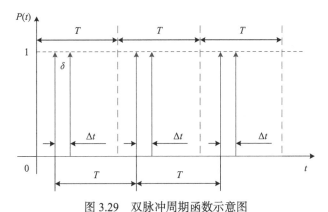

图 3.29　双脉冲周期函数示意图

依据脉冲信号的卷积特性，外圈周期性故障冲击信号可表示为

$$x(t)=E(t)*P(t) \tag{3.42}$$

其中，*表示卷积。

内圈周期性故障冲击信号可表示为

$$x(t) = E(t)*P(t)\cos(2\pi f_{\mathrm{r}}t) \tag{3.43}$$

与外圈故障信号相比，内圈故障信号增加了轴频调制项。

至此，构建了轴承故障振动信号的数字孪生模型，该模型包含可调参数 β、f_{h}、T、Δt。随后，利用实测传感振动数据 $y(t)$ 对数字孪生模型进行参数校正，以获得与实际信号相匹配的模型参数。匹配修正原则基于余弦相似度，定义如式(3.44)所示：

$$S = \frac{\sum\limits_{n=1}^{N} x(n)y(n)}{\sqrt{\sum\limits_{n=1}^{N} x^2(n)}\sqrt{\sum\limits_{n=1}^{N} y^2(n)}} \tag{3.44}$$

其中，N 是信号的总点数。

优化的目标定义如式(3.45)所示：

$$(\beta, f_{\mathrm{h}}, T, \Delta t)^* = \arg \max_{\beta, f_{\mathrm{h}}, T, \Delta t} S \tag{3.45}$$

寻优过程通过网格搜索完成。考虑到定量诊断的需求，最终只关注双脉冲时间差 Δt^* 即可。将该时间差参数代入式(3.39)，即可得到对故障尺寸的估计，由此实现了滚动轴承数字孪生故障程度定量诊断。

为了直观描述定量诊断的精度，使用相对精度指标如式(3.46)所示：

$$\mathrm{RAI} = \left(1 - \frac{|l - l'|}{l}\right) \times 100\% \tag{3.46}$$

其中，l 表示实际故障尺寸；l' 表示估计的故障尺寸。从定义可以看出，估计的故障尺寸与实际故障尺寸越接近，RAI 指标越大，最大值为 100%。

3.3.3 仿真及实验验证

1. 不同故障程度仿真信号分析

为了验证所提数字孪生匹配定量评估算法的有效性，本节使用滚动轴承不同故障尺寸仿真信号进行验证。构造信号的动力学模型同第 2 章所述，轴承型号、几何参数和转频信息同 3.3.1 节一致，采样率设置为 20kHz。给纯净仿真信号添加一定程度的高斯白噪声，以模拟实际中复杂的干扰。在进行模型匹配前，给信号做幅值归一化预处理。外圈、内圈各生成了 1mm、1.5mm、2mm 三种故障尺寸的振动响应信号，相应的时域波形及局部放大图分别如图 3.30 和图 3.31 所示。从图中可以看出，时域波形中的双冲击脉冲特征被噪声淹没，故障冲击的起始位置难以辨别，因此难以从中有效提取冲击时间差进行故障程度评估。

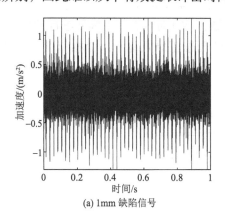

(a) 1mm 缺陷信号

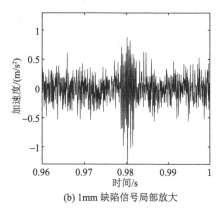

(b) 1mm 缺陷信号局部放大

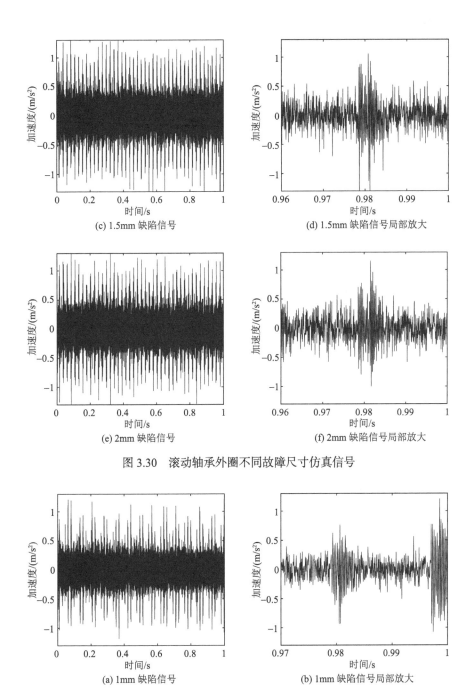

(c) 1.5mm 缺陷信号

(d) 1.5mm 缺陷信号局部放大

(e) 2mm 缺陷信号

(f) 2mm 缺陷信号局部放大

图 3.30 滚动轴承外圈不同故障尺寸仿真信号

(a) 1mm 缺陷信号

(b) 1mm 缺陷信号局部放大

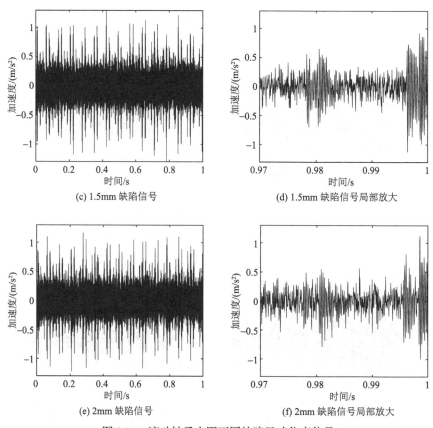

(c) 1.5mm 缺陷信号　　　　　　　　　　(d) 1.5mm 缺陷信号局部放大

(e) 2mm 缺陷信号　　　　　　　　　　(f) 2mm 缺陷信号局部放大

图 3.31　滚动轴承内圈不同故障尺寸仿真信号

随后采用数字孪生匹配定量评估算法分别处理这六组仿真信号,获得各自的最优数字孪生信号,分别如图 3.32 和图 3.33 所示。从图中可以看出生成的数字孪生信号不包含噪声干扰,时域波形中冲击特征明显,显著地表示了双冲击特征。

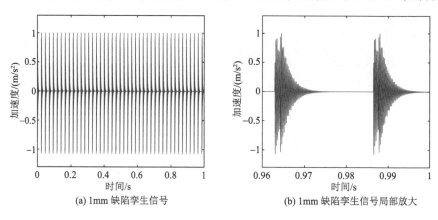

(a) 1mm 缺陷孪生信号　　　　　　　　　　(b) 1mm 缺陷孪生信号局部放大

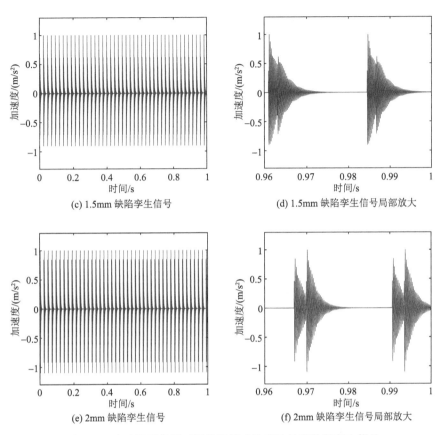

图 3.32　滚动轴承外圈不同故障尺寸仿真信号的数字孪生信号

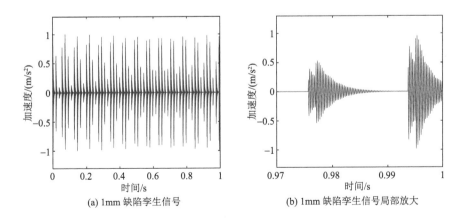

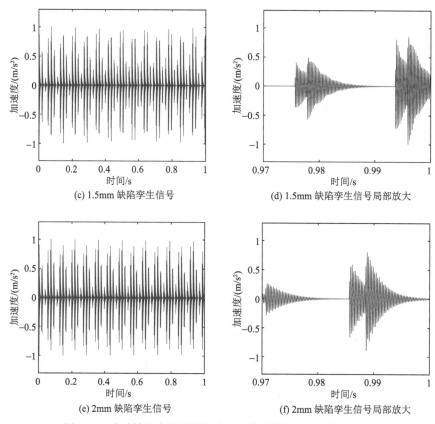

(c) 1.5mm 缺陷孪生信号   (d) 1.5mm 缺陷孪生信号局部放大

(e) 2mm 缺陷孪生信号   (f) 2mm 缺陷孪生信号局部放大

图 3.33　滚动轴承内圈不同故障尺寸仿真信号的数字孪生信号

因此，可以从中提取冲击时间差，实现退化性能程度评估。模型本身包含时间差参数，不必从时域波形中手工提取时间差，将最优数字孪生模型中的时间差参数导出，即可直接实现故障尺寸估计。

仿真信号的故障定量评估结果如表 3.9 所示。计算可知，外圈 1mm、1.5mm 和 2mm 故障对应的 RAI 指标分别为 95.93%、95.96%和 99.38%，内圈 1mm、1.5mm 和 2mm 故障对应的 RAI 指标分别为 92.50%、99.51%和 97.66%。可以得出本节所提算法的诊断精度较高，误差较小，可有效实现滚动轴承内外圈故障程度的定量诊断。

表 3.9　仿真信号的故障定量评估结果

故障位置	$l = 1\text{mm}$		$l = 1.5\text{mm}$		$l = 2\text{mm}$	
	$\Delta t^*/\text{s}$	l'/mm	$\Delta t^*/\text{s}$	l'/mm	$\Delta t^*/\text{s}$	l'/mm
外圈	0.001367	0.9593	0.002051	1.4394	0.002832	1.9875
内圈	0.001318	0.9250	0.002148	1.5074	0.002783	1.9531

　　此外，前述分析结果各自只展示了其中一组信号的分析结果，为了使验证结果更可靠，通过多次运行程序，生成含不同随机噪声的信号，获得定量诊断结果的平均值和标准差，如图 3.34 所示。从图中可以看出，外圈、内圈故障尺寸估计的结果均较为准确，其平均值落在真实故障尺寸附近，估计的偏差整体较小。由此验证了本节所提算法的有效性。

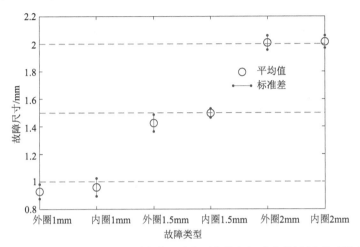

图 3.34　估计外圈、内圈不同故障尺寸的平均值与标准差统计图(仿真信号)

2. 不同故障程度实验信号分析

1)不同故障程度数据采集

　　采集故障滚动轴承振动信号的实验台如图 3.35(a)所示。旋转轴的一端由电机驱动，末端安装有测试轴承。在旋转轴的径向安装加载器。实验过程中电机空载旋转，转速保持为 1472r/min。在轴承座垂直方向安装有加速度传感器。采样率设置为 20kHz。测试轴承的型号为 LUT6010，滚动体个数为 13，滚动体直径为 8.75mm，轴承节径为 65mm，接触角为 0°。在测试轴承的滚道表面分别加工宽度为 1mm、1.5mm、2mm 的剥落故障，外圈、内圈各 3 个测试轴承，如图 3.35(b)和(c)所示。每类故障尺寸采集 10 组振动信号。每组信号采样时长为 1s(信号长度为 20480 点)。共 60 组信号序列。

2)定量评估结果分析

　　在进行数字孪生模型匹配前，给实验信号做幅值归一化预处理。外圈、内圈各采集了 1mm、1.5mm、2mm 三种故障尺寸的振动响应信号，时域波形及局部放大图分别如图 3.36 和图 3.37 所示。从图中可以看出，时域波形中的双冲击脉冲特征被噪声淹没，冲击的起始位置较难辨别，难以从中有效提取冲击时间差。并且内圈故障的振动信号由于载荷分布、轴频调制等，部分故障冲击较为微弱，甚至淹没在噪声中，进一步增加了定量评估的难度。

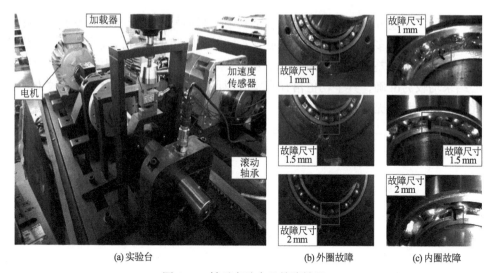

(a) 实验台 　　　　　　　　　　　(b) 外圈故障 　　　　(c) 内圈故障

图 3.35　轴承实验台及故障轴承

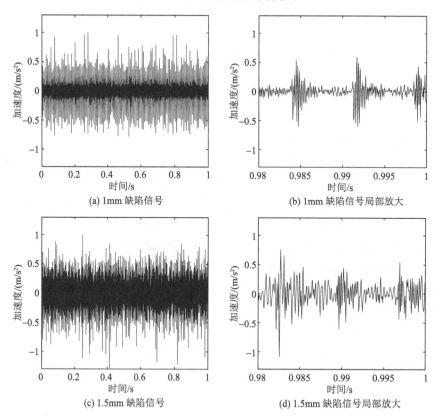

(a) 1mm 缺陷信号　　　　　　　　　(b) 1mm 缺陷信号局部放大

(c) 1.5mm 缺陷信号　　　　　　　　(d) 1.5mm 缺陷信号局部放大

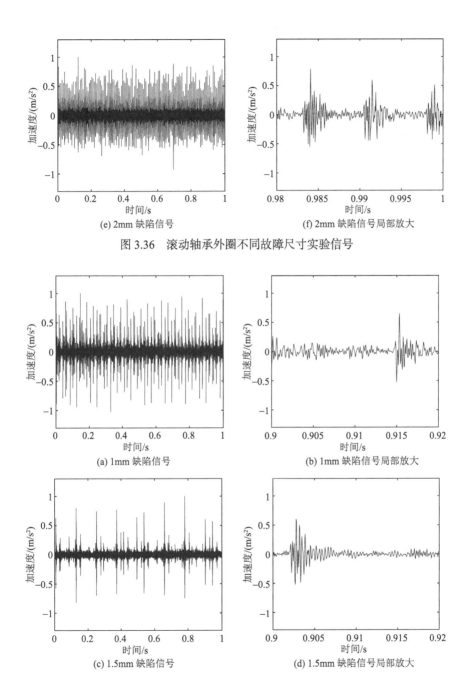

(e) 2mm 缺陷信号

(f) 2mm 缺陷信号局部放大

图 3.36　滚动轴承外圈不同故障尺寸实验信号

(a) 1mm 缺陷信号

(b) 1mm 缺陷信号局部放大

(c) 1.5mm 缺陷信号

(d) 1.5mm 缺陷信号局部放大

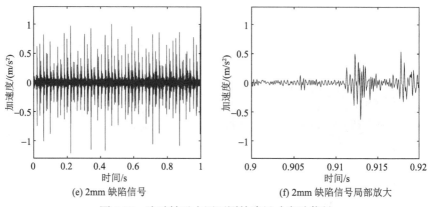

(e) 2mm 缺陷信号　　　　　　　　　　(f) 2mm 缺陷信号局部放大

图 3.37　滚动轴承内圈不同故障尺寸实验信号

随后采用数字孪生匹配定量评估算法分别处理这六组实验信号，获得各自的最优数字孪生信号，分别如图 3.38 和图 3.39 所示。从图中可以看出生成的数字孪生信号不包含噪声干扰，时域波形中冲击特征明显，显著地表示了双冲击特征。因此可以从中提取冲击时间差，实现定量评估。由于模型本身包含时间差参数，

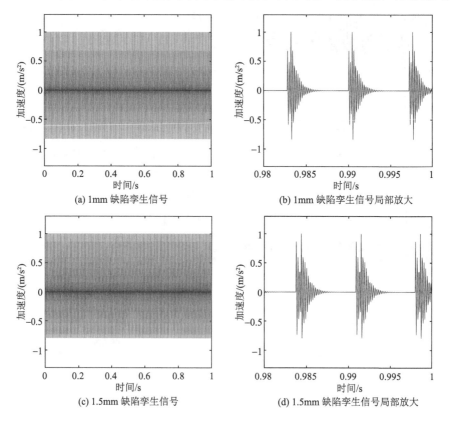

(a) 1mm 缺陷孪生信号　　　　　　　　(b) 1mm 缺陷孪生信号局部放大

(c) 1.5mm 缺陷孪生信号　　　　　　　(d) 1.5mm 缺陷孪生信号局部放大

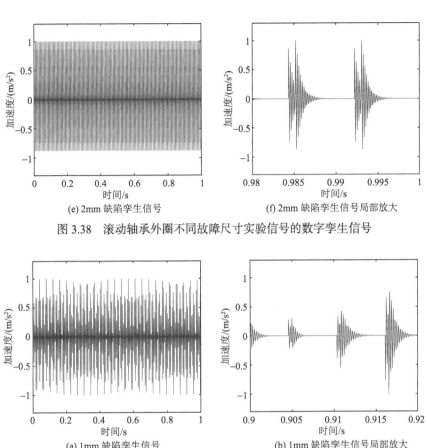

(e) 2mm 缺陷孪生信号　　　　　　　　　(f) 2mm 缺陷孪生信号局部放大

图 3.38　滚动轴承外圈不同故障尺寸实验信号的数字孪生信号

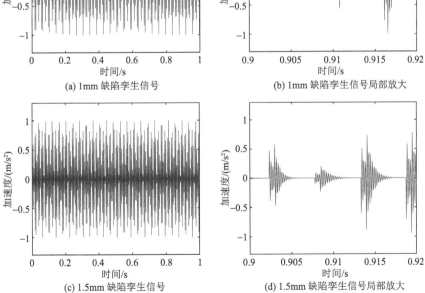

(a) 1mm 缺陷孪生信号　　　　　　　　　(b) 1mm 缺陷孪生信号局部放大

(c) 1.5mm 缺陷孪生信号　　　　　　　　(d) 1.5mm 缺陷孪生信号局部放大

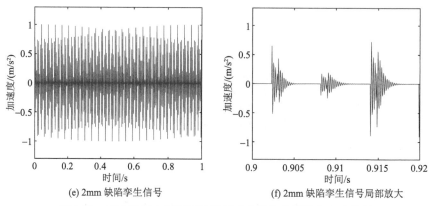

(e) 2mm 缺陷孪生信号　　　　　　　　(f) 2mm 缺陷孪生信号局部放大

图 3.39　滚动轴承内圈不同故障尺寸实验信号的数字孪生信号

不必从时域波形中手工提取时间差，将最优数字孪生模型中的时间差参数导出，即可直接实现故障尺寸估计。

实验信号的故障定量评估结果如表 3.10 所示。计算可知，外圈 1mm、1.5mm 和 2mm 故障对应的 RAI 指标分别为 96.07%、96.07% 和 97.92%，内圈 1mm、1.5mm 和 2mm 故障对应的 RAI 指标分别为 96.07%、95.92% 和 96.08%。可以得出本节所提算法的诊断精度较高，误差较小，可有效实现滚动轴承内外圈故障的定量评估。

表 3.10　实验信号的故障定量评估结果

故障位置	$l = 1\text{mm}$		$l = 1.5\text{mm}$		$l = 2\text{mm}$	
	$\Delta t^*/\text{s}$	l'/mm	$\Delta t^*/\text{s}$	l'/mm	$\Delta t^*/\text{s}$	l'/mm
外圈	0.0003906	0.9607	0.0005859	1.4411	0.0008301	2.0416
内圈	0.0003906	0.9607	0.0006348	1.5612	0.0007813	1.9215

此外，前述分析结果各自只展示了其中一组信号，为了使验证结果更为可靠，分析所有采集的信号，获得定量评估结果的平均值和标准差，如图 3.40 所示。从图中可以看出，外圈、内圈故障尺寸估计的结果均较为准确，其平均值落在真实故障尺寸附近。此外，估计的偏差相比于仿真信号而言有所增长，这是因为实际设备采集的信号更为复杂，存在诸多的干扰波动因素。整体而言，本节所提算法可有效实现滚动轴承故障程度的定量评估。

3) 与其他定量评估算法对比

为了进一步验证本节所提算法的可靠性，将本节所提算法与其他基于双冲击理论的故障定量特征提取算法[6,1]做对比。这些研究是直接从时域波形中寻找冲击特征，不可避免地会受到其他干扰的影响。为了说明其提取特征的方式，在图 3.41 和图 3.42 中分别依照文献[6]和[1]的算法标识出相应的冲击位置，记为 A、B、C、

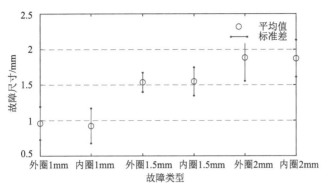

图 3.40　估计外圈、内圈不同故障尺寸的平均值与标准差统计图(实验信号)

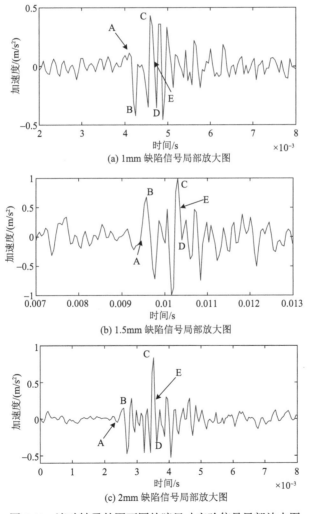

(a) 1mm 缺陷信号局部放大图

(b) 1.5mm 缺陷信号局部放大图

(c) 2mm 缺陷信号局部放大图

图 3.41　滚动轴承外圈不同故障尺寸实验信号局部放大图

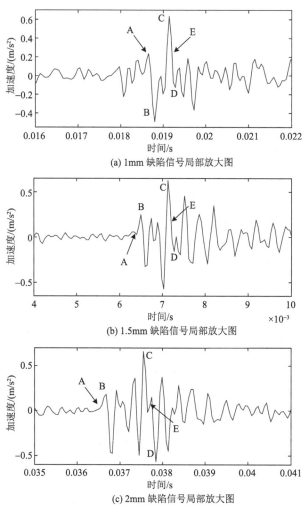

(a) 1mm 缺陷信号局部放大图

(b) 1.5mm 缺陷信号局部放大图

(c) 2mm 缺陷信号局部放大图

图 3.42 滚动轴承内圈不同故障尺寸实验信号局部放大图

D、E。其中，A 表示第一个冲击的起始时刻，B 表示第一个冲击的幅值(绝对值)最大值时刻，C 表示第二个冲击的幅值正向最大值时刻，D 表示紧邻 C 的负冲击最低点时刻，E 为时刻 C 和 D 的居中值，将图中各标记点的时刻值整理至表 3.11。从图中可以看出，本研究所采集的实验信号干扰严重，双冲击特征并不显著，难以准确找到各特征标记点。所展示的波形是从系列冲击中人为挑选的较优位置，由此也反映了传统主观寻找波形冲击峰的方法适应性差。文献[6]将时间差 BC 记为双冲击的时间差，文献[1]将时间差 AE 记为双冲击的时间差。

表 3.11　提取的各冲击特征点的时刻　　　　　　　(单位: s)

故障位置		时刻				
		A	B	C	D	E
外圈	l=1mm	0.004102	0.004248	0.00459	0.004736	0.004687
	l=1.5mm	0.009424	0.00957	0.0103	0.0104	0.01035
	l=2mm	0.002393	0.002588	0.003516	0.003613	0.003564
内圈	l=1mm	0.01865	0.0188	0.01914	0.01929	0.019215
	l=1.5mm	0.006396	0.006494	0.007129	0.007275	0.0072025
	l=2mm	0.03625	0.03667	0.03755	0.03784	0.0377

随后将对比算法与本节所提算法所提取的时间差及估计的故障尺寸整理至表 3.12。从表中可以看出, 对比算法估计的故障尺寸与实际尺寸有较大偏差, 表明基于原始时域波形主观寻找冲击特征是不可靠的, 容易受到干扰导致对故障程度的估计出现误判。而本节所提算法避免了主观寻找冲击峰, 从信号内在本质特性出发构建纯净的孪生信号, 因此能准确提取双冲击特征, 具有较高的故障尺寸估计精度。图 3.43 展示了不同算法对故障尺寸估计的精度对比, 从中可以明显看出本节所提算法的精度最高。值得注意的是, 此案例分析结果并非否定对比算法的理论, 当被分析信号的冲击特征较为显著时, 这些算法同样能取得较好的估计结果。只是整体而言, 本节所提算法具备更好的抗干扰能力。

表 3.12　不同算法的故障定量评估结果

故障位置		l = 1mm		l = 1.5mm		l = 2mm	
		Δt/s	l'/mm	Δt/s	l'/mm	Δt^*/s	l'/mm
外圈	本节算法	0.0003906	0.9607	0.0005859	1.4411	0.0008301	2.0416
	文献[6]	0.000342	0.8411	0.00073	1.7953	0.000928	2.2821
	文献[1]	0.000585	1.4387	0.000926	2.2771	0.001171	2.8793
内圈	本节算法	0.0003906	0.9607	0.0006348	1.5612	0.0007813	1.9215
	文献[6]	0.00034	0.8362	0.000635	1.5616	0.00088	2.2867
	文献[1]	0.000565	1.3895	0.0008065	1.9832	0.00118	2.9009

本节针对滚动轴承"双冲击"性能退化程度评估面临的冲击特征时间定位与提取难题, 提出了数字孪生匹配定量评估算法。基于第 2 章的动力学机理研究, 通过对故障滚动轴承进行动力学建模, 分析了其振动响应信号的特征, 推导出使用"双冲击"原理进行故障定量诊断的计算准则。随后, 基于信号特征构建了双

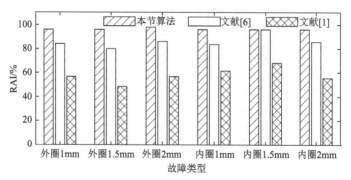

图 3.43　不同算法估计精度对比图

脉冲响应数字孪生模型，以余弦相似度作为模型与实测信号的孪生匹配测度。通过最相似匹配寻找到最佳的数字孪生模型。最后从最优数字孪生信号中提取"双冲击"时间差，成功获得了对实测信号的故障尺寸评估。

　　仿真与实验信号分析结果均表明本节所提算法能有效地从冲击特征不显著的时域波形中准确提取特征信息，避免了直接从时域波形中寻找冲击峰的位置导致诊断精度低的问题，实现了故障程度定量评估，识别的精度平均为95%。与其他同样基于双冲击理论的定量特征提取方法对比结果也表明本节所提算法具有更高的估计精度，可在滚动轴承退化过程中评估损伤的程度，为后续健康状态评估及寿命预测的辅助决策提供一定参考。

参 考 文 献

[1] Sawalhi N, Randall R B. Vibration response of spalled rolling element bearings: Observations, simulations and signal processing techniques to track the spall size[J]. Mechanical Systems and Signal Processing, 2011, 25(3): 846-870.

[2] 王婧. 稀疏分解在滚动轴承故障诊断中的优化与应用研究[D]. 北京: 北京工业大学, 2013.

[3] Dowling M J. Application of non-stationary analysis to machinery monitoring[C]. IEEE International Conference on Acoustics, Speech, and Signal Processing, Minneapolis, 1993: 59-62.

[4] Cui L L, Wu N, Ma C Q, et al. Quantitative fault analysis of roller bearings based on a novel matching pursuit method with a new step-impulse dictionary[J]. Mechanical Systems and Signal Processing, 2016, 68-69: 34-43.

[5] Cui L L, Wang X, Wang H Q, et al. Improved fault size estimation method for rolling element bearings based on concatenation dictionary[J]. IEEE Access, 2019, 7: 22710-22718.

[6] Cui L L, Zhang Y, Zhang F B, et al. Vibration response mechanism of faulty outer race rolling element bearings for quantitative analysis[J]. Journal of Sound and Vibration, 2016, 364: 67-76.

第4章 基于相似性优化匹配的寿命预测方法

传统相似性理论已被应用于寿命预测领域，但相似性度量准则难以准确度量两组数据之间的相关性。基于对传统相似性匹配流程的分析，本章提出一种新的相似性度量方法。为了避免直接使用原始数据匹配存在的噪声干扰问题，本章提出基于高斯函数拟合与参数相似性匹配的优化方法，有效提高了相似性度量的准确性。

4.1 相似性理论

基于对测试样本和参考集具有相似退化过程的假设，通过计算二者之间的相似性，即可找到参考集中最匹配的退化过程，进而以该最匹配样本的寿命标签数据为依据，即可得到对实际轴承寿命的估计[1-4]。以性能退化字典 γ 作为参考集，实际监测数据 M 作为测试样本，以平均欧氏距离作为衡量相似性的指标，如式(4.1)所示：

$$^i\phi_N^2 = \frac{1}{N}\sum_{j=1}^{N}\left\| M_N(j) - {}^i\gamma_N(j)\right\|^2 \tag{4.1}$$

其中，N 为当前监测点数。

当前时刻每个参考样本所对应的剩余寿命标签如式(4.2)所示：

$$^iL_N = {}^iT_E - N \tag{4.2}$$

其中，^iT_E 为第 i 个参考样本的失效时刻。

寿命预测点估计的目标即为找到距离最短的样本，如式(4.3)所示：

$$\mathrm{RUL}_N = {}^{\arg\min_i {}^i\phi_N^2}L_N \tag{4.3}$$

在实际中，区间估计比点估计更可靠。因此本章又提出寿命不确定性估计的方法。给每个距离值分配一个权重：

$$^iW_N = \mathrm{e}^{-{}^i\phi_N^2} \tag{4.4}$$

剩余使用寿命的概率密度函数式(4.5)所示：

$$\hat{f}_h(L_N) = \frac{1}{\sum\limits_{i=1}^{I} {}^iW_N} \sum_{i=1}^{I} \frac{{}^iW_N}{\sqrt{2\pi}h} \exp\left(-\frac{(L_N - {}^iL_N)^2}{2h^2}\right) \tag{4.5}$$

其中，h 为核密度估计的带宽，由 MATLAB 系统自适应选取。

此时，寿命的点估计结果可用中间值表示，如式(4.6)所示：

$$\hat{\mathrm{RUL}}_N = \arg \min_{L_N} \int_{-\infty}^{\mathrm{RUL}_N} \hat{f}_h(L_N)\mathrm{d}L_N \geqslant 0.5 \tag{4.6}$$

4.2　相似性优化匹配方法

传统相似性预测方法是截取当前时间点之前的测试数据，与参考字典集中退化样本数据进行比较。通过计算欧氏距离确定数据之间的相似性，欧氏距离与相似性程度成反比。欧氏距离计算如式(4.7)所示：

$$\mathrm{dis} = \|a - b\|_2 \tag{4.7}$$

其中，a、b 分别为截取测试数据与参考样本数据向量。对向量作差并求二范数所得结果即为欧氏距离。

但是传统相似性方法存在局限性。相似性度量的元素权重相同，每个元素对相似性判定提供等价的影响。然而在实际性能退化数据中，时间点越接近当前时刻的元素对趋势性分析的影响越大。且离散数据点的度量精度受数据窗口长度即数据点数的影响，不合适的窗口长度难以体现出退化趋势的相似程度。如图 4.1所示，当出现如下情况时欧氏距离难以降低波动带来的相似性扰动。此时前期波动与后期趋势对相似性度量带来相同的影响，但对寿命预测而言，后一组数据将

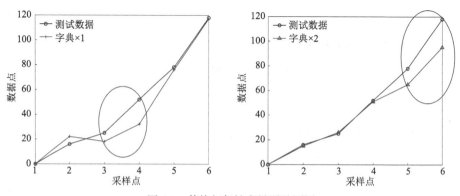

图 4.1　传统相似性度量误差原因

会产生较大的寿命预测误差。

为此本节提出基于高斯函数拟合与参数相似性匹配的优化方法。首先对测试数据与样本数据进行数据预处理，如式(4.8)所示：

$$f(x) = a_1 e^{-\left(\frac{x-b_1}{c_1}\right)^2} \tag{4.8}$$

式(4.8)为高斯函数，对数据有着高精度的拟合作用，通过高斯函数拟合的方式将向量变成函数表达式。高斯函数中有 3 个参数分别对函数起到不同的作用，b_1 控制函数位置；a_1、c_1 控制函数趋势，通过构建参数向量，引入参数相似性，并以此解出参数向量的欧氏距离。拟合函数之间的相似性在坐标系上体现为积分。假设实验信号拟合参数为 a_1、b_1、c_1，参考样本信号拟合参数为 a_2、b_2、c_2，在数学坐标系下衡量函数之间的距离，可以采用积分求解。取任意长度区间对两个函数模型求解积分，并用拟合参数进行表示，图 4.2 中阴影部分面积即为测试数据与样本数据的相似性度量值。

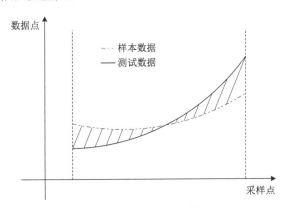

图 4.2　相似性度量优化理论算法示意图

该种方法通过函数拟合降低了轴承数据局部波动对相似性度量的影响。S 为相似性度量值，计算如式(4.9)所示：

$$S = \int \left| a_1 e^{-\left(\frac{x-b_1}{c_1}\right)^2} - a_2 e^{-\left(\frac{x-b_2}{c_2}\right)^2} \right|^2 dx \tag{4.9}$$

通过对式(4.9)求解并化简，得

$$S = \sqrt{\pi} \left[\frac{a_1^2 c_1}{\sqrt{2}} + \frac{a_2^2 c_2}{\sqrt{2}} - 2a_1 a_2 \frac{c_1 c_2}{\sqrt{c_1^2 + c_2^2}} e^{-\frac{(b_1 - b_2)^2}{c_1^2 + c_2^2}} \right] \tag{4.10}$$

上述结果直接反映出数据趋势的相似性。最后通过对各个样本的相似性赋予权重，对寿命进行加权求和即可得出最终的预测寿命。

4.3　仿真及实验验证

本节通过仿真和实验信号分析，对 4.2 节提出的改进相似性寿命预测方法进行验证，并与传统相似性寿命预测方法进行对比，对滚动轴承剩余使用寿命的预测结果展开详细讨论分析。

4.3.1　仿真验证

本节对轴承全寿命周期的退化状态进行仿真，将全寿命退化过程简化为健康阶段和退化阶段。其中健康状态下的轴承信号可建模为高斯噪声，该阶段没有故障冲击信号。轴承在故障阶段往往会伴随着故障冲击，随着使用时间的增长，故障冲击变大。故障冲击往往是由磨损部位在滚动体运转时引起碰撞，并在磨损部位处产生激振力而引起的。激振力会引起旋转系统以其固有频率为响应的共振。该现象在振动加速度传感器采集信号中体现为脉冲响应函数形式。将这种振动系统简化为质量-弹簧-阻尼系统，如式(4.11)所示：

$$m\ddot{x} + c\dot{x} + kx = 0 \tag{4.11}$$

其中，m 为振动体质量；c 为黏性阻尼；k 为弹性系数。

令 $n = \dfrac{c}{2m}$，$w_n^2 = \dfrac{k}{m}$，则可将式(4.11)转化为如式(4.12)所示：

$$\ddot{x} + 2n\dot{x} + w_n^2 x = 0 \tag{4.12}$$

令阻尼比 $\zeta = \dfrac{n}{w_n}$，则有

$$\ddot{x} + 2\zeta w_n \dot{x} + w_n^2 x = 0 \tag{4.13}$$

式(4.13)中特征方程的根如式(4.14)所示：

$$S_{1,2} = (-\zeta \pm \sqrt{\zeta^2 - 1})w_n \tag{4.14}$$

在欠阻尼($\zeta < 1$)情况下，有

$$S_{1,2} = -\zeta w_n \pm j w_n \sqrt{1-\zeta^2} \tag{4.15}$$

令 $w_d = w_n\sqrt{1-\zeta^2}$，将方程简化为

$$x = e^{-\zeta w_n t}(C_1 \cos w_d t + C_2 \sin w_d t) \tag{4.16}$$

将三角函数部分合并后结果如式(4.17)所示：

$$x = Ae^{-\zeta w_n t} \sin(w_d t - \phi) \tag{4.17}$$

式(4.17)为滚动轴承故障脉冲响应的数学表达形式。可直接将其描述为正弦函数与指数衰减函数的乘积，最后以常数项进行幅值调制。在旋转机械运转过程中，滚动体每次与轴承内圈或外圈上故障部位接触时都会产生脉冲响应，多组脉冲响应的叠加形成了最终滚动轴承发生故障时产生的振动信号。脉冲响应之间的间隔反映了旋转机械中轴的转速，而脉冲响应的幅值与滚动轴承的载荷和转速等工况有关。

根据对脉冲响应的数学推导分析，仿真信号中故障冲击可扩展表示为[5]

$$x(t) = \sum_{i=1}^{I}\sum_{j=1}^{J} A_{ij} e^{\left[\frac{-2\pi\varepsilon_j}{\sqrt{1-\varepsilon_j^2}}f_{dj}(t-\tau_i-iT)\right]} \sin\left[2\pi f_{dj}(t-iT)\right], \quad t > \tau_i \tag{4.18}$$

其中，I 为脉冲数；J 为系统模态数；A_{ij} 为第 i 个脉冲中第 j 个系统频率的幅值，为一定区间范围内的随机值；T 为脉冲的理论周期；τ_i 为理论周期与实际脉冲时间的差值；ε_j 为不同模态下对应的阻尼比；f_{dj} 为不同模态下对应的系统频率。

构建模型中包含多种参数，具体取值在表 4.1 中给出。

表 4.1　仿真模型的部分参数数值

参数符号	参数意义	数值
ε_1	一阶模态阻尼比	0.1
ε_2	二阶模态阻尼比	0.05
t	每次采样时间	0.2s
A_{ij}	第 i 个脉冲第 j 个系统频率的幅值	[0, 0.5]
f_{d1}	一阶模态下系统频率分量	2000Hz
f_{d2}	二阶模态下系统频率分量	4000Hz

续表

参数符号	参数意义	数值
f_s	采样频率	3000Hz
η_1、η_2	噪声	−25dB

使用该模型生成的故障冲击仿真信号如图 4.3 所示。

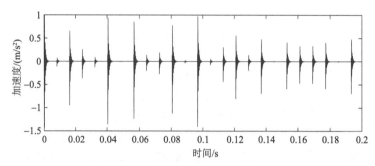

图 4.3　轴承故障冲击仿真信号

所构建的性能退化仿真信号由三部分组成：故障冲击响应信号、环境噪声、系统噪声。环境噪声是机械设备安装位置的固定尺度噪声，不会产生很大的变化。系统噪声是一种振动干扰，可能来自于设备内部，并随着轴承损坏程度的加重而增加。因为轴承在退化过程中呈现非线性状态，所以在仿真信号构建中采用双指数函数模拟其退化趋势。

轴承全寿命周期性能退化数字模型如式(4.19)所示：

$$f(t) = (a_1 e^{b_1} + a_2 e^{b_2}) * x(t) + \eta_1(t) + \lambda \eta_2(t) \tag{4.19}$$

其中，a_1、a_2 为振动幅值调节系数；b_1、b_2 为退化速率调节系数；η_1 为环境噪声；η_2 为系统噪声；λ 为噪声随故障程度增加的速率。

依据前述分析，健康状态的仿真信号主要由信噪比较低的高斯白噪声组成。数学特征表现为均值与均方根值较小。将健康状态与退化状态的两种信号组合起来，即可构建滚动轴承全寿命周期性能退化模拟数据，如图 4.4 所示。

在实际工作过程中，旋转机械系统噪声的幅值受到多方面因素影响。在全寿命周期的工作状态中，噪声干扰往往会出现较大的波动。后续将对仿真模型添加不同程度的噪声以模拟实际退化状态，并用于测试寿命预测方法的鲁棒性。

建立 100 组数字模拟信号作为仿真验证的参考字典集。为保证字典集的退化多样性，通过对形状参数设置区间内的随机波动以模拟轴承不同速率的退化趋势。此外，信号构建模型中采用相同大小的噪声，使字典集中的信号更贴近同一实验台下的真实情况。

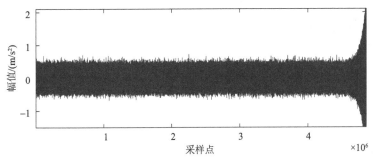

图 4.4　滚动轴承全寿命周期性能退化模拟数据

　　获得参考字典集后需要进行数据预处理工作,其中包含轴承退化特征的提取、失效阈值的确定及退化起始点的判断。使用均方根值作为轴承的退化特征指标。失效阈值的确定主要依靠专家经验来设置。退化起始点由 3 倍西格玛原则确定。最终仅保留轴承在退化起始点后的振动信号进行后续分析。其结果如表 4.2 所示。

表 4.2　轴承仿真振动信号退化起始点

仿真信号	退化起始点/h	剩余寿命/h
Sig_1	1194	50
Sig_2	1180	63
Sig_3	1198	47
Sig_4	1195	50
Sig_5	1195	49
Sig_6	1197	47
...	...	...

　　最终,获得的参考字典集如图 4.5 所示。

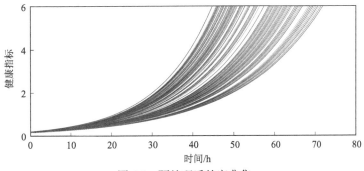

图 4.5　预处理后的字典集

从图 4.5 中可以看出，构建的仿真性能退化字典，包含多种不同退化过程的退化数据，且样本容量足够丰富。在得到预处理后的参考字典集后，构造 4 组未退化至失效阈值的轴承振动信号作为测试数据，并按照同样的方法进行数据预处理。将测试数据与参考字典集数据进行高斯函数拟合获取参数向量，并基于当前监测时间点逐一查询字典，使用式(4.10)计算相似性大小，赋予字典内样本不同的权重，并将权重归一化处理。最终，将字典数据剩余寿命加权求和得出预测寿命，并与构造函数计算所得理论寿命进行比较验证方法的有效性。预测结果如表 4.3 及图 4.6 所示。

表 4.3　仿真信号剩余寿命预测结果

测试信号	预测寿命/h	理论寿命/h	误差/%
Test_1	28.8595	30	3.8
Test_2	54.5942	57	4.2
Test_3	45.2185	43	5.2
Test_4	33.4584	32	4.6

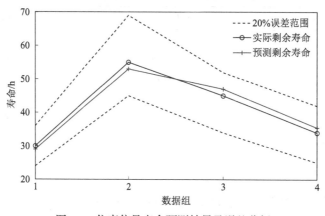

图 4.6　仿真信号寿命预测结果及误差分析

由表 4.3 数据及图 4.6 的表现结果可以得出，该方法可以有效地预测未失效轴承的剩余使用寿命，误差均处于 6%以内，可以有效地为旋转机械的保养维护提供技术支持。

为了进一步验证该方法在不同时刻的连续预测效果，对其中一组仿真测试信号进行持续预测，并与传统相似性寿命预测方法比较，结果如图 4.7 所示。

从对比结果可以看出，本章所提方法有效地提升了剩余使用寿命的预测精度，比传统相似性寿命预测方法的预测结果更为平滑，且更接近真实寿命，误差处于30%范围以内。

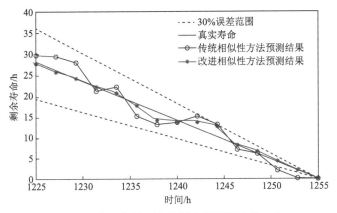

图 4.7　仿真信号剩余使用寿命预测结果对比

4.3.2　实验验证

　　本节采用滚动轴承实验性能退化数据进行验证分析。使用 2.4.2 节辛辛那提大学的第三组 4 个轴承信号，将其随机截断作为测试数据。首先对轴承信号进行退化特征提取，并按照 3 倍西格玛原则判断信号的退化起始点。表 4.4 为退化起始点识别结果，图 4.8 为预处理后的退化趋势结果。

表 4.4　轴承实验振动信号退化起始点

实验数据	退化起始点/h	剩余寿命/h
Data_3rd_1	996.17	51.33
Data_3rd_2	1026.17	22.83
Data_3rd_3	995.67	42.17
Data_3rd_4	1013.33	33.67

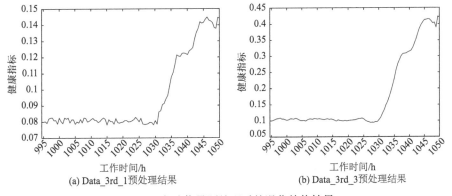

图 4.8　实验信号预处理后的退化趋势结果

在实验信号的验证过程中，参考字典集采用实验信号与仿真信号混合组成的方式。在实验数据分析中，字典集由同实验台的前两组共 8 个轴承信号及 92 组仿真信号共同构成。

表 4.5 及图 4.9 为 4 个轴承随机截断时刻的寿命预测结果，可以看出即使轴承实验信号因为存在噪声干扰局部波动较大，但所提方法仍能以较高的精度预测剩余寿命。

表 4.5　轴承实验振动信号寿命预测结果

实验数据	预测寿命/h	理论寿命/h	误差/%
Data_3rd_1	29.7738	25	19.1
Data_3rd_2	12.0991	14	13.6
Data_3rd_3	28.6732	28	2.40
Data_3rd_4	24.8189	27	8.08

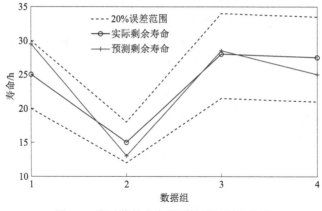

图 4.9　实验信号寿命预测结果及误差分析

为进一步验证本章所提方法的有效性，针对同一个轴承的数据进行连续追踪预测，即对同一组数据的不同时刻进行寿命预测，并与真实寿命及传统相似性方法预测结果进行对比，预测结果如图 4.10 所示。

从图 4.10 中可以看出，改进后的相似性预测方法可以显著提升预测精度。因为实验信号相比仿真信号在故障扩展阶段有着波动更大的不稳定性，所以传统相似性寿命预测结果精度相应较低，预测结果甚至超出 30% 的误差范围。而改进的相似性优化匹配方法可以有效处理轴承信号后期波动较大所带来的相似性匹配误差，从而有效提高寿命预测精度，为旋转机械的保养与更换提供有效的技术支持。

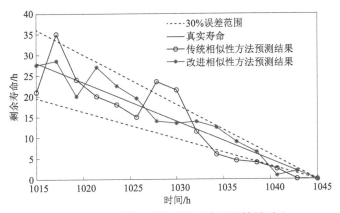

图 4.10　实验信号剩余使用寿命预测结果对比

　　本章提出一种基于字典学习方法的相似性匹配优化预测方法，以解决滚动轴承的剩余使用寿命预测精度较低的问题。首先提出了基于阈值报警技术的数据预处理方法，将全寿命周期信号中健康阶段数据截断不参与后续寿命预测，较大幅度地减少了寿命预测的运算量，提高了运行效率。其次分析了欧氏距离在局部波动时对趋势相似性的不敏感性质，提出了高斯拟合方法，削弱局部波动对相似性度量的影响。再次基于平面几何积分的思想，将相似性度量问题转化为参数相似性求解，进一步降低了局部波动对相似性度量的影响，提升了退化趋势对相似性的敏感性。最后通过仿真信号与实验信号的分析结果，表明该方法可以有效预测滚动轴承剩余使用寿命。与传统相似性寿命预测方法对比，本章所提方法有效地提高了寿命预测精度。

参 考 文 献

[1] Cui L L, Wang X, Wang H Q, et al. Remaining useful life prediction of rolling element bearings based on simulated performance degradation dictionary[J]. Mechanism and Machine Theory, 2020, 153: 103967.

[2] Wan A P, Gu F, Chen J H, et al. Prognostics of gas turbine: A condition-based maintenance approach based on multi-environmental time similarity[J]. Mechanical Systems and Signal Processing, 2018, 109: 150-165.

[3] Liu Y C, Hu X F, Zhang W J. Remaining useful life prediction based on health index similarity[J]. Reliability Engineering & System Safety, 2019, 185: 502-510.

[4] Gu M Y, Chen Y L. Two improvements of similarity-based residual life prediction methods[J]. Journal of Intelligent Manufacturing, 2019, 30(1): 303-315.

[5] Zhang B, Zhang S H, Li W H. Bearing performance degradation assessment using long short-term memory recurrent network[J]. Computers in Industry, 2019, 106: 14-29.

第5章　基于时变卡尔曼滤波的预测方法

学习单一时间序列样本的退化趋势并预测未来数据，是状态监测的常见做法。其中的典型方法为卡尔曼滤波算法。然而由于滚动轴承的退化过程具有多样性，往往存在不同的退化阶段与差异化的退化演变行为。另外，卡尔曼滤波算法高度依赖所建立退化模型与实际状态退化数据的匹配度，若仅用单一的滤波器模型进行处理，不符合其实际退化规律，因而难以有效地进行数据滤波及跟踪预测。为此本章提出两种改进的多模态卡尔曼滤波算法，均可动态自适应地处理性能退化数据，有效地识别退化状态并预测寿命。

5.1　时变卡尔曼滤波算法

卡尔曼滤波(Kalman filter，KF)方法近年来在轴承寿命预测领域有了较多应用。该方法对轴承退化过程建立匹配的数学模型，不需要大量训练数据。根据第2章的研究，轴承的退化过程随机性很强，具有高度的非线性特征，故应用非线性滤波器能取得较精确的结果。文献[1]先利用时域及时频域指标跟踪轴承状态，监测到故障特征后应用扩展卡尔曼滤波器(extended Kalman filter，EKF)算法对轴承剩余使用寿命进行预测。然而 EKF 算法是在滤波点处将非线性函数的泰勒展开式略去二阶及以上的项，近似线性化，但当高阶项无法忽略时，线性化会使系统产生较大误差。文献[2]采用无迹卡尔曼滤波(unscented Kalman filter，UKF)算法进行轴承故障预测。UKF 算法是对非线性系统状态的概率密度函数做近似，可以避免 EKF 算法中由线性化产生的较大误差。

值得注意的是，前述研究均使用了单一的滤波器模型进行退化轨迹的学习预测，难以适应实际中滚动轴承复杂多样的退化行为。因此，有学者提出应用多种滤波器模型的预测方法，提高算法的适应能力[3,4]。例如，采用一种开关卡尔曼滤波算法用于轴承寿命预测，该算法应用多个滤波器模型来表示轴承不同退化状态，并用贝叶斯估计评估每时刻最可能处的状态。文献[3]建立了线性状态空间模型，文献[4]则针对轴承加速退化阶段建立了非线性模型。值得注意的是，正如文献[3]、[5]提到的，当状态监测数据呈现递减趋势即退化速度为负时，开关卡尔曼滤波算法不能正常工作。这是因为所提出的方法是基于轴承退化过程的不可逆假设。然而，当早期故障发生后，有可能通过滚动接触力、摩擦等方式逐渐平滑滚道表面缺陷，使得其"自愈"，进而使状态监测数据可能呈现下降趋势。本节提出一种时变卡尔曼滤波(time-varying Kalman filter，TVKF)算法，新的滤波策略可有效实现滚动轴承退化状态识别和寿命预测。

本节所提算法主要采用线性卡尔曼滤波算法。定义一个随机离散时间过程的状态向量 $X_k \in \mathbf{R}$ ，则线性系统离散随机差分方程如式(5.1)所示：

$$X_k = AX_{k-1} + W_k \tag{5.1}$$

其中，X_k 是 k 时刻的 $n\times1$ 的系统状态向量，n 是状态变量个数；X_{k-1} 是 $k-1$ 时刻的系统状态向量；A 是 $k-1$ 时刻到 k 时刻的 $n\times n$ 的一步状态转移矩阵；W_k 是 k 时刻的 $n\times1$ 的过程激励噪声。

对 X_k 的测量满足线性关系，定义测量向量 $Z_k \in \mathbf{R}$ ，则测量方程如式(5.1)所示：

$$Z_k = HX_k + V_k \tag{5.2}$$

其中，Z_k 是 k 时刻的状态测量值；H 是 $1\times n$ 的测量矩阵；V_k 是 k 时刻的测量噪声。

假设 W_k、V_k 是相互独立、正态分布的白色噪声，过程激励噪声协方差矩阵为 Q，测量噪声协方差矩阵为 R，即 $W_k\sim N(0,Q)$，$V_k\sim N(0,R)$。

系统状态更新主要过程如下。

状态一步预测如式(5.3)所示：

$$\hat{X}_k = AX_{k-1} \tag{5.3}$$

协方差一步预测如式(5.4)所示：

$$\hat{P}_k = AP_{k-1}A^{\mathrm{T}} + Q \tag{5.4}$$

卡尔曼增益如式(5.5)所示：

$$K_k = \hat{P}_k H^{\mathrm{T}} (H\hat{P}_k H^{\mathrm{T}} + R)^{-1} \tag{5.5}$$

状态更新如式(5.6)所示：

$$X_k = \hat{X}_k + K_k (Z_k - H\hat{X}_k) \tag{5.6}$$

协方差更新如式(5.7)所示：

$$P_k = \left(I - K_k H\right)\hat{P}_k \tag{5.7}$$

其中，$\hat{X}_k$ 是 k 时刻先验状态估计值，这是算法根据前次迭代结果(即上一次循环的后验估计值)做出的不可靠估计；$\hat{P}_k$ 是 k 时刻的先验估计协方差，只要初始协方

差 $P_0 \neq 0$ ，它的取值对滤波效果影响很小，都能很快收敛； K_k 是卡尔曼增益，对卡尔曼增益的确定是建立滤波模型的关键步骤之一，它能显著影响滤波结果； X_k 、 X_{k-1} 是 k 时刻、 $k-1$ 时刻后验状态估计值，也就是要输出的该时刻最优估计值，这个值是卡尔曼滤波的结果； P_k 、 P_{k-1} 是 k 时刻、 $k-1$ 时刻的后验估计协方差。

由第 2 章的分析可知，滚动轴承的退化过程基本呈现为先较长时间的健康阶段，再转入至退化阶段。在健康阶段滚动轴承正常运行，状态监测指标的幅值基本保持不变，呈水平直线趋势。而实际退化阶段的演变规律较为复杂，包含线性增长、指数退化等多种模式。本节基于普遍退化规律，提出在单一时刻只使用一种滤波器模型并在适合时刻切换模型的策略，降低了算法复杂性，使其更符合直观的普遍退化行为。具体介绍如下。

卡尔曼滤波算法高度依赖所建立模型与实际测量数据的匹配度，在参数恰当且保持一致时，匹配度更高的模型获得的滤波结果更佳。受此理论启发，本节提出一种新的 TVKF 算法，所用两类滤波器分别为基于一次函数模型卡尔曼滤波器和基于二次函数模型卡尔曼滤波器。一次函数模型用于健康阶段的数据处理，二次函数模型用于退化阶段的数据跟踪与预测。所提方法能跟踪滚动轴承所处状态，自适应切换滤波器模型，其流程图如图 5.1 所示。

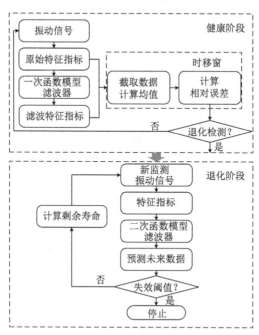

图 5.1　TVKF 算法用于滚动轴承寿命预测流程图

5.2　时变卡尔曼滤波器模型

不失一般性地认为新轴承初始处于健康状态,故首先使用基于一次函数模型的卡尔曼滤波器对 HI 进行滤波。同时分别截取出滤波前、后当前监测点附近的一段数据,计算二者的均值并得到相对误差。将该相对误差指标定义为时移窗滤波相对误差因子,该指标用于对模型切换进行判定。预先设定允许的误差限阈值,若计算的误差值不超过该阈值,则认为当前的监测数据演变趋势符合所建立的一次函数模型滤波器,可进入到下一点的监测计算;一旦得到的误差值超过该范围,则认为监测数据的演变趋势不再是线性退化过程,与所建立的基于一次函数模型的卡尔曼滤波器不再相符,开始加速退化过程。此时刻即为健康-退化的转折时刻。一般轴承加速退化的过程具有高度非线性特点,因此本节将随后监测得到的 HI 用基于二次函数模型的卡尔曼滤波器进行滤波处理。每一步滤波后,用更新的模型参数对未来的数据进行预测,并判断是否超过预先设定的失效阈值。若超过失效阈值,则轴承失效,应当停机维修;若未超过失效阈值,则计算剩余使用寿命,为状态监测维修决策做出指导。所建立的两类滤波器模型及时移窗滤波相对误差因子具体描述如下。

5.2.1　基于一次函数模型的卡尔曼滤波器

滚动轴承健康监测指标在正常工作及缓慢磨损阶段的演变曲线类似于一次函数形式,可建立基于一次函数模型的卡尔曼滤波器,故建立如下滤波器模型。

状态向量如式(5.8)所示:

$$X_k^1 = [x_k] \tag{5.8}$$

其中, x_k 是 k 时刻的真实特征指标值;上标 1 表示第一个滤波器模型。

状态转移矩阵如式(5.9)所示:

$$A^1 = [1] \tag{5.9}$$

即所建立的模型斜率为 0,是状态不变的水平直线。

测量矩阵如式(5.10)所示:

$$H^1 = [1] \tag{5.10}$$

过程噪声协方差矩阵如式(5.11)所示:

$$Q^1 = q[\Delta t] \tag{5.11}$$

其中，Δt 是状态监测值的采样间隔；q 是过程误差，衡量了系统的不确定性，可利用同工况下其他轴承已知的状态监测数据来调试卡尔曼滤波器得到，本节用每组实验中未发生故障轴承的数据训练卡尔曼滤波器模型，得到 $q=5\times10^{-7}$，并将该值用于失效轴承数据滤波和后续的状态识别与寿命预测。

此外，测量误差 R 选取为滚动轴承健康阶段状态监测数据的标准差。

通过式(5.3)～式(5.7)的迭代计算，便得到一系列更新的状态向量。

5.2.2 基于二次函数模型的卡尔曼滤波器

一般情况下，二次函数曲线的形状能较好地拟合滚动轴承退化阶段特征指标的演变过程，故建立如下滤波器模型。

状态向量如式(5.12)所示：

$$X_k^2 = \begin{bmatrix} x_k \\ \dot{x}_k \\ \ddot{x}_k \end{bmatrix} \tag{5.12}$$

其中，$\ddot{x}_k$、$\dot{x}_k$ 分别表示特征指标 x_k 的二阶导数和一阶导数；上标 2 表示第二个滤波器。

状态转移矩阵如式(5.13)所示：

$$A^2 = \begin{bmatrix} 1 & \Delta t & \dfrac{\Delta t^2}{2} \\ 0 & 1 & \Delta t \\ 0 & 0 & 1 \end{bmatrix} \tag{5.13}$$

测量矩阵如式(5.14)所示：

$$H^2 = \begin{bmatrix} 1 & 0 & 0 \end{bmatrix} \tag{5.14}$$

过程噪声协方差矩阵如式(5.15)所示：

$$Q^2 = q \begin{bmatrix} \dfrac{\Delta t^5}{20} & \dfrac{\Delta t^4}{8} & \dfrac{\Delta t^3}{6} \\ \dfrac{\Delta t^4}{8} & \dfrac{\Delta t^3}{3} & \dfrac{\Delta t^2}{2} \\ \dfrac{\Delta t^3}{6} & \dfrac{\Delta t^2}{2} & \Delta t \end{bmatrix} \tag{5.15}$$

5.2.3　时移窗滤波相对误差因子

卡尔曼滤波算法是一种严格基于模型的算法，对模型的精确性要求很高。一旦所建立的模型与实际不符，滤波结果将会有很大误差。对滚动轴承退化过程而言，当其进入退化阶段时，状态监测数据演变过程不再是线性变化，因而再使用最初所建立的基于一次函数模型的卡尔曼滤波器进行滤波，将会形成较大误差。基于此，建立时移窗滤波相对误差因子，一旦该因子偏离可接受的阈值，则认为当前使用的滤波器模型与实际状态不相符，即可判断出轴承进入退化阶段。所建立的指标具体描述如下。

在当前时刻 k，测量的状态监测指标表示为 $F_{\text{mea}}(k)$，卡尔曼滤波结果表示为 $F_{\text{fil}}(k)$。从当前时刻起分别对两组数据向前截取 m 个数据点(窗口长度)，计算各自的均值，以两个均值的相对误差作为时移窗滤波相对误差因子，其定义如式(5.16)所示，构造示意图如图 5.2 所示。

$$\text{RE}(k) = \frac{\left| \dfrac{1}{m}\sum_{i=1}^{m} F_{\text{mea}}(i) - \dfrac{1}{m}\sum_{i=1}^{m} F_{\text{fil}}(i) \right|}{\dfrac{1}{m}\sum_{i=1}^{m} F_{\text{fil}}(i)} \times 100\% \tag{5.16}$$

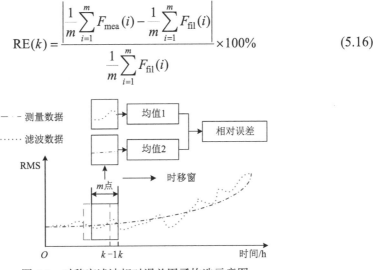

图 5.2　时移窗滤波相对误差因子构造示意图

当检测到滚动轴承进入到退化阶段后，未来的状态数据可用式(5.3)和式(5.4)预测。一旦预测的指标 F_{fore} 超过预设的失效阈值后，将该时刻记为 t_{fail}，即可计算当前监测时刻 k 的剩余使用寿命，如式(5.17)所示：

$$\text{RUL}(k) = t_{\text{fail}} - k \tag{5.17}$$

另外，寿命的不确定性估计也是一个重要的评估手段，可使用协方差矩阵 P 进行不确定性评估，该参数提供了预测数据的不确定性。在 95% 置信限时，预测数据的上下误差分别计算如式(5.18)和式(5.19)所示：

$$\mathrm{RMS}_{\mathrm{ub}}(t) = \mathrm{RMS}_{\mathrm{fore}}(t) + 1.96P(1,1) \tag{5.18}$$

$$\mathrm{RMS}_{\mathrm{lb}}(t) = \mathrm{RMS}_{\mathrm{fore}}(t) - 1.96P(1,1) \tag{5.19}$$

其中，t 表示未来预测的时间；$\mathrm{RMS}_{\mathrm{fore}}$ 表示预测数据。

5.3　实　验　验　证

本节同样使用 2.4.2 节获得的滚动轴承性能退化数据展开分析，讨论所提 TVKF 算法对退化状态识别和寿命预测的效果。图 5.3 展示了使用 TVKF 算法获得的性能指标滤波与退化状态识别结果。同样可以看出滤波后的指标变得平滑，对退化状态的指示更为清晰。

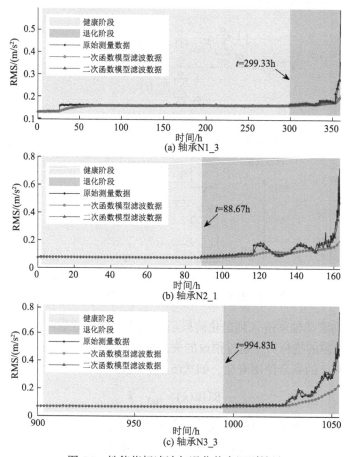

图 5.3　性能指标滤波与退化状态识别结果

TVKF 算法对退化状态的识别依赖时移窗滤波相对误差，如图 5.4 所示。可以看出在退化阶段，使用基于一次函数模型滤波器滤波结果的误差普遍比基于二次函数模型滤波器大。这表明退化阶段的退化行为更符合二次函数模型。由此验证了所提 TVKF 算法理论分析的正确性。值得注意的是，由于滚动轴承在早期磨合阶段的振动行为复杂，可能不符合一次函数模型，此时滤波误差较大，如轴承N1_3 所示。因此，在对状态的识别过程中要引入人工注意机制，避免由早期磨合阶段造成的状态误判断。另外，通过观察发现不同个体轴承对应的误差阈值设置不同，分析认为这与其自身指标的波动特性有关。因此，在实际的参数设置中，要结合每个轴承个体实际误差波动情况动态地考虑阈值的设置。

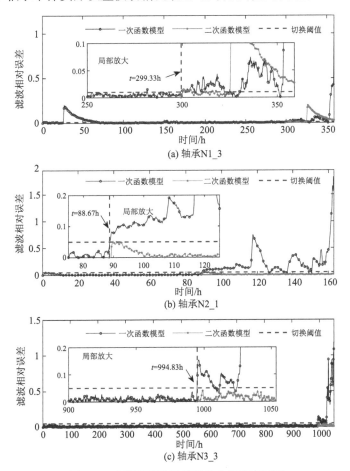

图 5.4　时移窗滤波相对误差曲线演变过程

当检测到滚动轴承进入退化阶段后，即可开始寿命预测。图 5.5 展示了在两个不同时刻预测未来性能指标演变趋势，同时也给出了不确定区间估计的结果。

可以看出预测曲线基本符合未来的真实退化指标演变趋势，且预测时刻越接近失效时刻，所获得的预测曲线越符合实际，预测不确定区间的宽度也越窄。图 5.6 展示了剩余使用寿命的连续预测结果，同时也给出了 95% 的置信限。初始由于卡尔曼滤波算法仍处于早期学习阶段，预测误差较大。随着监测数据的逐渐增加，对退化趋势的掌握更为精确，预测误差也降低。整体而言，TVKF 算法的表现要优于开关无迹卡尔曼滤波(switching unscented Kalman filter，SUKF)算法。

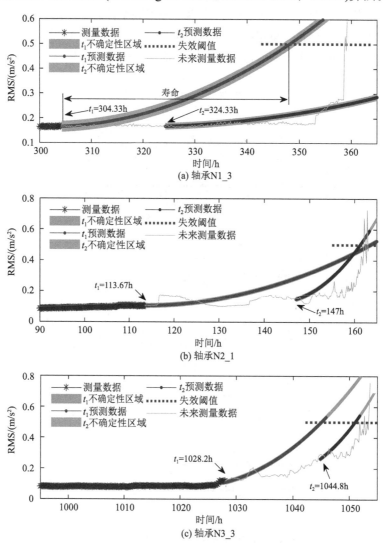

图 5.5 当前时刻预测未来性能指标演变过程

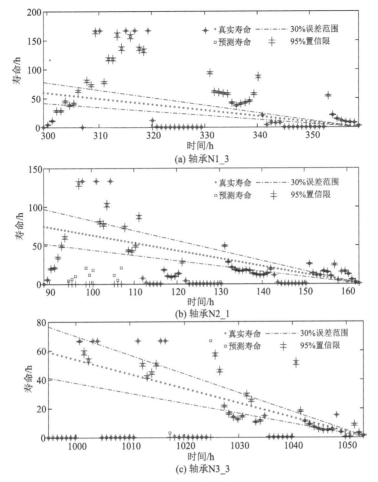

图 5.6　剩余使用寿命连续预测结果

在健康-退化的转折时刻及时切换模型，可获得更为准确的滤波结果。表 5.1 展示了采用 SUKF 和 TVKF 两种算法对退化时刻识别的结果，可以看出两种算法对退化状态的转折时刻识别结果基本一致，能准确地表示滚动轴承的退化状态，表明了二者的可靠性与准确性。对退化状态的准确及时辨识，能便于及早开展寿命预测，这对健康管理尤为重要。

表 5.1　采用 SUKF 和 TVKF 对退化时刻识别对比

算法	退化时刻/h		
	轴承 N1_3	轴承 N2_1	轴承 N3_3
SUKF	298	88.34	994.5
TVKF	299.33	88.67	994.83

　　本章提出改进的时变卡尔曼滤波模型，实现基于单样本退化学习的滚动轴承退化状态识别与寿命预测。针对退化过程的多样、时变特性，本章提出了 TVKF 算法，可动态跟踪滚动轴承的状态监测指标，并识别其退化状态。TVKF 算法建立了两种滤波器模型：一次函数模型用于健康阶段数据处理，二次函数模型用于退化阶段数据跟踪与预测，采取两模型顺序切换策略，以新设置的时移窗滤波相对误差控制模型切换。

　　得益于开关无迹卡尔曼滤波算法复杂的模型结构，与传统卡尔曼滤波算法相比，TVKF 算法对退化状态的衡量更为精细，能准确抓取状态监测指标的细节变化。如需要精细辨识退化过程所处的状态，可优先考虑使用该算法。但开关无迹卡尔曼滤波算法自身的算法机制，导致对退化状态的辨识不如 TVKF 算法自主，需要辅助人工判断。对退化模式评估而言，二者表现均良好，能正确反映滚动轴承的退化过程。

参 考 文 献

[1] Singleton R K, Strangas E G, Aviyente S. Extended Kalman filtering for remaining-useful-life estimation of bearings[J]. IEEE Transactions on Industrial Electronics, 2015, 62(3): 1781-1790.

[2] Christoph A, Robert S, Uwe K. Unscented Kalman filter with Gaussian process degradation model for bearing fault prognosis[C]. European Conference of the Prognostics and Health Management Society, Dresden, 2012.

[3] Lim C K R, Mba D. Switching Kalman filter for failure prognostic[J]. Mechanical Systems and Signal Processing, 2015, 52-53: 426-435.

[4] Lim R, Mba D. Fault detection and remaining useful life estimation using switching Kalman filters[C]. Proceedings of the 8th World Congress on Engineering Asset Management & The 3rd International Conference on Utility Management & Safety, Hong Kong, 2015: 53-64.

[5] Lall P, Lowe R, Goebel K. Prognostics using Kalman-filter models and metrics for risk assessment in BGAs under shock and vibration loads[C]. Proceedings of the 60th Electronic Components and Technology Conference, Las Vegas, 2010: 889-901.

第6章　基于粒子滤波的预测方法

由于轴承的一致性较差，其性能衰退模式多种多样，且呈现高度非线性的特点。而粒子滤波(particle filter，PF)采用蒙特卡罗采样原理对轴承的状态概率密度分布进行求解，在非线性、非高斯系统的状态参数估计方面具有明显优势。然而，现有 PF 算法常选择单一模型进行预测，模型泛化能力不强，无法满足不同工程问题的多样化需求，且对复杂退化过程的预测效果不理想。为此，本章提出两种改进的 PF 算法，均具有较好的泛化能力，能够有效预测轴承寿命。

6.1　时变粒子滤波寿命预测算法

由于轴承的退化一致性较差，即使同一批次生产的轴承在相同工况下工作，也可能呈现完全不同的退化过程，导致其寿命具有较大的差异性。因此，如何构建对轴承不同退化过程均有较强追踪能力的预测模型，是 RUL 预测的难点。本章提出基于时变粒子滤波(time-varying partical filter，TVPF)的滚动轴承寿命预测方法。首先，对 PF 算法原理进行简要介绍；其次，提出 TVPF 算法来估计轴承真实退化状态并预测未来退化趋势；最后，采用全局/局部信息融合策略，通过充分利用轴承的退化信息提高轴承的 RUL 精度。为有效验证所提算法的有效性，对三组不同退化趋势的轴承实验数据进行分析，并和其他预测算法进行对比。

6.1.1　粒子滤波算法原理

PF 是基于蒙特卡罗算法的贝叶斯滤波估计，其核心思想是用一组离散的随机采样点(即粒子集合)近似系统随机变量的概率密度函数，并以样本均值代替积分运算，从而获得状态的最小方差估计[1]。该算法在非线性、非高斯系统的状态参数估计中具有明显优势，目前已广泛应用于机械设备及锂电池等寿命预测研究中[2]。

在 PF 中，系统的动态模型主要包括状态方程和观测方程。在非线性退化系统中，t_k 时刻系统的状态描述如式(6.1)所示。系统的状态通常是无法观察到的，相反，系统的测量值可以通过传感器测量得到，能够用于估计状态，测量值与 t_k 时的状态之间的关系如式(6.2)所示：

$$x_k = f_k(x_{k-1}) + v_{k-1} \tag{6.1}$$

$$z_k = h_k(x_k) + \omega_k \tag{6.2}$$

其中，x_k 为 k 时刻的状态变量；f_k 为系统的状态方程；z_k 为 k 时刻的测量值；h_k 为系统的测量方程；v_k 为系统的过程噪声；ω_k 为系统的测量噪声。

在贝叶斯滤波中，基于状态函数和先验状态估计，当前时刻状态的先验概率密度分布如式(6.3)所示：

$$p(x_k \mid z_{1:k-1}) = \int p(x_k \mid x_{k-1}) p(x_{k-1} \mid z_{1:k-1}) \mathrm{d}x_{k-1} \tag{6.3}$$

当得到下一时刻的观测值时，对先验分布进行更新，得到 k 时刻的后验分布如式(6.4)所示：

$$p(x_k \mid z_{1:k}) = \frac{p(z_k \mid x_k) p(x_k \mid z_{1:k-1})}{p(z_k \mid z_{1:k-1})} \tag{6.4}$$

对于线性高斯模型，贝叶斯滤波的最优解是卡尔曼滤波，但在实际应用中，许多问题都是非线性和非高斯的，卡尔曼滤波难以得到后验概率密度分布的解析解，因此常采用蒙特卡罗方法对 k 时刻的后验分布进行离散加权，如式(6.5)所示：

$$p(x_k \mid z_{1:k}) \approx \sum_{i=1}^{M} \omega_k^i \delta(x_{0:k} - x_{0:k}^i) \tag{6.5}$$

其中，δ 为脉冲函数；ω_k^i 为 k 时刻第 i 个粒子的权重，可通过重要性重采样法得到，初始时刻权重为 $\omega_0^i = 1/M$。

然而在实际问题中，从系统状态的后验分布中采样是非常困难的，因此将密度函数 $q(x_k^i \mid x_{k-1}^i, z_k)$ 用先验分布代替 $p(x_k^i \mid x_{k-1}^i)$。每一次迭代重要性权重的更新如下，如式(6.6)所示：

$$\begin{aligned} \omega_k^i &= \omega_{k-1}^i \frac{p(z_k \mid x_k^i) p(x_k^i \mid x_{k-1}^i)}{q(x_k^i \mid x_{k-1}^i, z_k)} \\ &= \omega_{k-1}^i p(z_k \mid x_k^i) \end{aligned} \tag{6.6}$$

然后将权重归一化如式(6.7)所示：

$$\omega_k^i = \frac{\omega_k^i}{\sum\limits_{i=1}^{N} \omega_k^i} \tag{6.7}$$

在粒子滤波中，采用的是递推形式的序列重要性采样(sequential importance sampling，SIS)方法。SIS 粒子滤波中存在粒子退化的问题，也就是经过几次迭代之后，很多粒子的权重变得越来越小，导致无效粒子数目增加。因此，需要采用重采样方法，即舍弃权重较小的粒子，并复制权重较大的粒子，通过预测、更新、计算权重和重采样的过程，完成粒子滤波计算的一次迭代。系统下一时刻的状态估计 $\hat{x}_k$ 则可以由粒子集及相应的权重得到，如式(6.8)所示：

$$\hat{x}_k = \sum_{i=1}^{N} \omega_k^i x_k^i \tag{6.8}$$

6.1.2　时变粒子滤波预测模型

由于轴承的退化一致性较差，即使同一批次生产的轴承在相同工况下工作，也可能呈现完全不同的退化过程，导致其寿命具有较大的差异性。因此，如何构建对轴承不同退化过程均有较强追踪能力的预测模型，是 RUL 预测的难点。而在基于 PF 的寿命预测算法中，当其状态模型与轴承真实退化过程一致时，预测精度较高；当模型无法有效匹配退化过程时，其预测误差较大。而一般 PF 算法往往采取单一固定预测模型预测轴承寿命，此举难以保证预测模型的泛化能力。因此，本节提出了基于 TVPF 的滚动轴承 RUL 预测方法。该方法主要包含健康状态识别、TVPF 算法、全局和局部信息融合策略三部分。

1. 健康状态识别

寿命预测的任务之一是确定滚动轴承的退化阶段。退化阶段是指设备处于逐步退化的阶段，因此对退化区间的识别是 RUL 预测的关键环节，主要包括起始预测时刻(time to start prediction，TSP)点及失效阈值(failure threshold，FT)的确定。一般地，基于 3 倍西格玛原则，能够识别轴承全寿命周期数据的健康阶段和退化阶段。但是由于实际数据往往不是高斯分布，采用传统 3 倍西格玛原则存在一定误差，因此借助 Box-Cox 变换，将非高斯分布的轴承状态数据转化为近似高斯分布数据，以获得更为准确的 TSP 点。

因此，实时评估轴承当前健康状态，并监测轴承是否进入退化阶段，即确定 TSP 点，并适时启动 RUL 预测工作，不仅可以更有效地指导生产实际，还能大大节约计算资源。

如图 6.1 所示，在健康状态下，轴承的 HI 数值稳定且幅值较小，绘制概率密度分布如图 6.2 所示，图中点线之间具有较大的偏差，表明该阶段轴承健康状态数据不服从高斯分布。因此，采用 Box-Cox 变换，将非高斯分布的 HI 数据转换为近似高斯分布，并确定退化阈值(degradation threshold，DT)和 FT，进而确定 TSP 点。

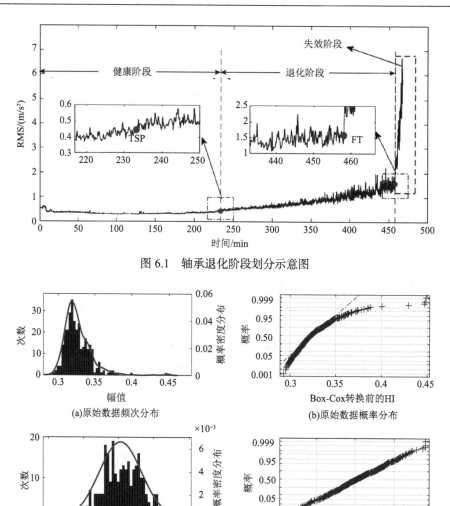

图 6.1 轴承退化阶段划分示意图

图 6.2 Box-Cox 变换前后概率密度分布图

Box-Cox 变换如式(6.9)所示：

$$r_i(\xi) = \begin{cases} \dfrac{\mathrm{HI}_i^{\xi} - 1}{\xi}, & \xi \neq 0 \\ \ln(\mathrm{HI}_i), & \xi = 0 \end{cases} \tag{6.9}$$

其中，HI_i 是轴承健康阶段的第 i 个健康指标；r_i 是经 Box-Cox 处理后的结果；ξ 是 Box-Cox 的最佳变换参数，通常可由最大似然估计获得，如式(6.10)所示：

$$\mathrm{LLF}(r,\xi) = -\frac{N}{2} \cdot \ln\left(\sum_{i=1}^{N} \frac{(r_i - \overline{r})^2}{N-1}\right) + (\xi-1) \cdot \sum_{i=1}^{N} \ln \mathrm{HI}_i \tag{6.10}$$

其中，$\overline{r}$ 是 r_i 的平均值；N 是轴承数据点数。

经 Box-Cox 变换，HI 由非高斯分布变成了高斯分布，如图 6.2(c)、(d)所示。随后利用分布数据的性质确定 DT。考虑到有 99.7%的数据分布在 $[\overline{r}-3r_\sigma, \overline{r}+3r_\sigma]$ 范围内，因此将 DT 定义为 $\overline{r}+3r_\sigma$。最后根据求得的 DT 利用 Box-Cox 逆变换获得原始 HI 的 DT。目前轴承的失效阈值没有统一的设置标准，因此将 DT 的 3 倍设置为 FT，如式(6.11)所示：

$$\mathrm{FT} = \begin{cases} \left[\xi(\overline{r}+3r_\sigma)+1\right]^{1/\xi}, & \xi \neq 0 \\ \mathrm{e}^{\overline{r}+3r_\sigma}, & \xi = 0 \end{cases} \tag{6.11}$$

其中，r_σ 是 r_i 的标准差。

为避免随机误差的影响，产生误报、错报现象，通常采用连续多点触发机制来判断轴承进入退化阶段的 TSP 点，当 HI 连续 5 次超过退化阈值时，则认为轴承已经进入退化阶段。

2. TVPF 算法

在 PF 算法中，先确定状态方程和测量方程的形式，当状态模型与实际退化过程相匹配时，滤波和预测精度最高。然而，在实际工况中，轴承的工作性能具有极大的不确定性，对于同一批次生产的轴承，即使运行在同一工况下，其真实寿命和退化状态仍有较大差异，如果只用单一的滤波模型对状态监测数据进行滤波，既不符合实际，也难以对轴承数据进行有效的处理和预测。一般而言，理想的轴承退化过程有线性退化模型、二次函数退化模型、指数函数退化模型以及混合退化模型。各种退化过程如图 6.3 所示。

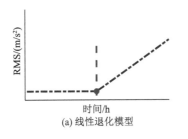

(a) 线性退化模型

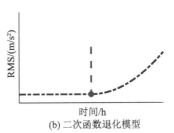

(b) 二次函数退化模型

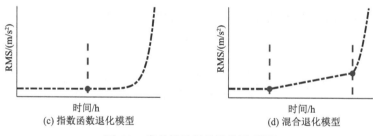

图 6.3　常见轴承退化趋势示意图

根据轴承一般的性能退化过程,结合三种常见退化模型,如式(6.12)～式(6.14)所示,提出了 TVPF 算法,该算法能够根据轴承健康状态实时自适应地选择最优滤波模型。

线性退化模型如式(6.12)所示:

$$x_k = at_{k-1} + b + v_{k-1} \tag{6.12}$$

二次函数退化模型如式(6.13)所示:

$$x_k = ct_{k-1}^2 + dt_{k-1} + e + v_{k-1} \tag{6.13}$$

指数函数退化模型如式(6.14)所示:

$$x_k = f \mathrm{e}^{g \cdot t_{k-1}} + v_{k-1} \tag{6.14}$$

测量方程常与传感器的测量精度有关,故可以设置为

$$z_k = x_k + \omega_k \tag{6.15}$$

其中,a、b 为线性状态方程的参数;c、d、e 为二次状态方程的参数;f、g 为指数状态方程的参数;v_k 和 ω_k 分别为系统的过程噪声和测量噪声;x_k 和 z_k 分别为 k 时刻的健康状态值和实际测量值,将 x_k 代入粒子滤波模型中,得到 $\hat{x}_k$,$\hat{x}_k$ 为 TVPF 算法所追踪到的滚动轴承 k 时刻的真实退化状态。

当监测到轴承开始退化时,运用 TVPF 算法自适应选择每个时刻的最优状态模型,并将其作为 PF 的状态方程以获得当前时刻滚动轴承的真实退化状态。首先,设置一个长度为 L 的滑动窗口截取最新数据,L 为能够有效反映滚动轴承局部退化趋势的最小长度;然后分别采用线性退化模型、二次函数退化模型和指数函数退化模型对窗口下的数据进行拟合并分别计算其最小均方误差(minimum mean squared error,MMSE)值,根据 MMSE 准则确定最优状态模型,并将其作为 PF 的状态方程;最后利用 PF 估计当前时刻的粒子滤波值 $\hat{x}_i$,而该滤波值也是

TVPF 算法估计的轴承真实退化状态。采用 TVPF 算法估计当前时刻滤波值的示意如图 6.4 所示。

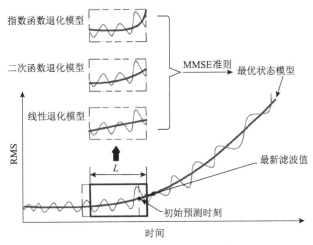

图 6.4　采用 TVPF 算法估计当前时刻滤波值示意图

3. 全局和局部信息融合

轴承的寿命是当前时刻和预计轴承失效之间的时间间隔。影响寿命预测精度的因素有很多，这不仅取决于退化模型能否有效追踪轴承真实退化状态，还取决于能否充分利用现有数据信息。因此，采用全局剩余使用寿命(global remaining useful life，GRUL)与局部剩余使用寿命(local remaining useful life，LRUL)预测相融合的方法估计 RUL，如式(6.16)所示：

$$\text{RUL}(\hat{x}_k) = T_{\text{pre}} - T_{x_k} \tag{6.16}$$

其中，T_{pre} 为预测的失效时间；T_{x_k} 为当前时刻。

全局和局部信息融合算法示意图如图 6.5 所示。在对轴承健康状态进行估计后，可得到每个时刻的滤波值，当滤波结果 $\hat{x}_{\text{TSP}:k}$ 长度小于 LL 时，继续利用 TVPF 算法追踪当前监测点的状态。其中 LL 为能够预测 GRUL 的最短滤波数据长度，当 $\hat{x}$ 长度大于 LL 时，即可开始对轴承的 RUL 进行预测。

当估计 GRUL 时，截取基于 MMSE 准则得到的所有滤波数据 $\hat{x}_{\text{TSP}}, \hat{x}_{\text{TSP}+1}, \cdots, \hat{x}_k$，首先利用 MMSE 准则获得该段滤波数据的最优预测模型，从而获得滚动轴承整体的退化趋势预测曲线；其次，利用预设的 FT 预测该段数据下的失效时刻 $T_{\text{G-pre1}}$，最后计算当前时刻的全局预测寿命 GRUL($\hat{x}_k$)。

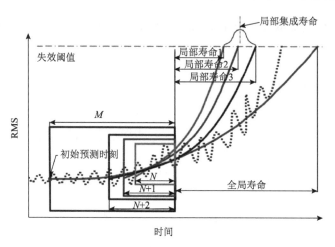

图 6.5　全局和局部信息融合算法示意图

当估计 LRUL 时，首先确定最小预测长度 N_0，N_0 为能够有效预测局部寿命的最小长度且 $N_0 < L$；其次设置一个长度为 N 的滑动窗口截取最新的 N 个滤波数据 $\hat{x}_{k-N_0+i}, \hat{x}_{k-N_0+i+1}, \cdots, \hat{x}_k$，$N = N_0 + i$，基于 MMSE 准则获取滑动窗口下滤波数据的最优预测模型，从而获得滚动轴承局部退化趋势估计曲线；再次利用 FT 计算当前时刻第一个局部预测寿命 $\text{LRUL}(\hat{x}_k)_1$，并判断 N 与 M 的大小关系。M 为实现 LRUL 预测的最大长度，$M > N$ 且 $M < LL$；当 $M > N$ 时，令 $i = i+1$，重复上述过程预测下一个局部预测寿命 $\text{LRUL}(\hat{x}_k)$；当 $M < N$ 时，退出局部寿命预测并计算所有局部预测寿命 $\text{LRUL}(\hat{x}_k)_{1:M-N+1}$ 的概率密度分布，最终获得能够表征滚动轴承最新退化状态的局部寿命 $\text{LRUL}(\hat{x}_k)$，因此，在获取 $\text{GRUL}(\hat{x}_k)$ 和 $\text{LRUL}(x_k)$ 后，当前时刻轴承的 RUL 可表示为

$$\text{RUL}(\hat{x}_k) = \omega_1 \text{GRUL}(\hat{x}_k) + \omega_2 \text{LRUL}(\hat{x}_k)$$
$$\sum_{i=1}^{2} \omega_i = 1 \tag{6.17}$$

其中，ω_i 为第 i 个寿命的权重。

在获取 $\text{GRUL}(\hat{x}_k)$ 和 $\text{LRUL}(\hat{x}_k)$ 之后，能够求得表征轴承当前时刻的 RUL。其中，ω_1 和 ω_2 分别为 $\text{GRUL}(\hat{x}_k)$ 和 $\text{LRUL}(\hat{x}_k)$ 的权重。考虑到 GRUL 能够有效反映滚动轴承整体退化趋势，而 LRUL 能够充分反映其最新退化状态，二者均占有极其重要的地位，因此令 $\omega_1 = \omega_2 = \dfrac{1}{2}$。

6.1.3　实验验证

为了验证本节所提算法的有效性和鲁棒性，采用了三组来自不同实验台具有不同退化特征的全寿命周期数据，并将本节所提算法与其他五种常见预测算法做了对比，以证明本节所提算法在退化趋势追踪和 RUL 预测中的优越性。

1. PHM2012 实验数据分析

采用 PHM2012 工况一中的第一组实验数据进行分析，即轴承 1-1，其全寿命周期振动数据如图 6.6 所示，分析该组数据的演变趋势，可知轴承运行前期振动幅值较小且波动平稳，处于健康阶段；然后幅值逐渐增大进入到退化阶段，运行到末期时振动幅值迅速增大而后停止实验，此时轴承处于失效状态。

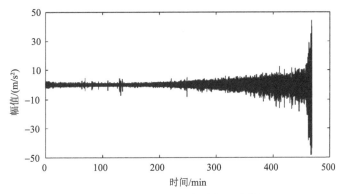

图 6.6　滚动轴承全寿命周期振动数据

当监测到轴承进入退化阶段时，采用 TVPF 算法对新检测的数据进行滤波。图 6.7 展示了四个不同时刻(267min、333min、367min 和 416min)的滤波结果及预测的未来退化趋势。从图中可以看出，滚动轴承的原始振动数据包含剧烈的噪声，采用本节所提算法在每个监测时刻，都能够根据数据趋势特点自适应地选择最优退化模型，实现对轴承当前健康状态及未来退化趋势的有效估计。

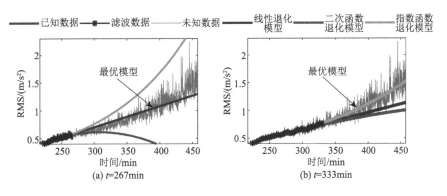

(a) t=267min　　　　　　　　　　(b) t=333min

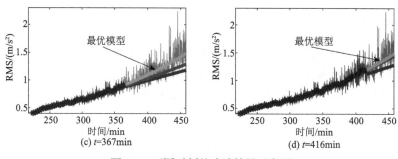

图 6.7　不同时刻的滤波结果示意图

　　然后利用本节所提的全局和局部信息融合策略对上述四个时刻的 RUL 进行预测。图 6.8 展示了本节所提预测算法在上述四个监测时刻的概率密度分布，实线表示不同监测时刻对应的失效概率。从图中可以看出，随着运行时间的增加，轴承失效概率逐渐增大，且 RUL 预测误差逐渐减小。

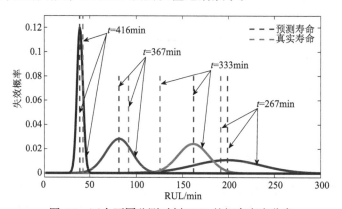

图 6.8　四个不同监测时刻 RUL 的概率密度分布

　　为了验证本节所提算法的优越性，将其与常见的三种单一模型的粒子滤波方法、基于自适应回归模型的寿命预测方法[2]以及基于时变卡尔曼滤波的预测方法[3]进行比较。为了保证比较的公平性，所有的预测方法均选择 RMS 作为 HI，并设置相同的 TSP 和 FT。预测结果如图 6.9 所示。

　　由分析预测结果可知，本节所提算法的预测结果基本处于 30%的误差范围以内，且随着时间的推移，其预测误差逐渐减小，表明本节所提算法在预测近似线性退化过程轴承寿命时具有一定的优越性，因此对生产实际具有一定的指导意义。

　　为了定量衡量预测方法的性能，本节引用三种评价指标来评估预测结果，即均方根误差(root mean squared error，RMSE)、累计相对精度(cumulative relative accuracy，CRA)和收敛性(Cpe)[4]。

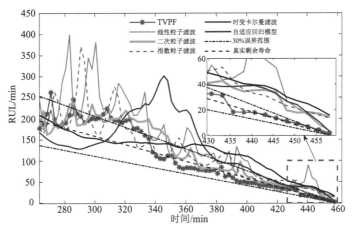

图 6.9　六种方法寿命预测结果对比图(PHM2012 实验数据)

RMSE 是反映预测量与真实值之间差异性的一种度量，能够较好地反映预测的精度，RMSE 值越高说明平均预测误差越大，其计算方法如式(6.18)所示：

$$\mathrm{RMSE} = \sqrt{\frac{1}{\mathrm{Eol} - \mathrm{TSP}} \sum_{k=\mathrm{TSP}}^{\mathrm{Eol}} (l_{t_k} - l_{t_k}^*)^2} \tag{6.18}$$

其中，TSP 为初始预测时刻；Eol 为预测停止时刻；l_{t_k} 和 $l_{t_k}^*$ 分别为 k 时刻寿命预测结果和真实 RUL。

为了更加全面地衡量某一段时间内的 RUL 预测结果，本节采用 CRA，该指标能够汇总所有预测时刻的相对精度，全面衡量预测方法的准确性。具体计算如式(6.19)所示：

$$\mathrm{CRA} = \sum_{k=\mathrm{TSP}}^{\mathrm{Eol}} \omega_k \mathrm{RA}(t_k) \tag{6.19}$$

其中，ω_k 为归一化的权重因子；$\mathrm{RA}(t_k)$ 为在 k 时刻的相对预测精度，其得分越接近 1，表明预测结果越接近真实值，预测精度越高；当预测误差超过 100%时，将导致 $\mathrm{RA}(t_k)$ 出现负值，表明此时预测结果偏离真实值较远，因此对于此种情况不予考虑，将 $\mathrm{RA}(t_k)$ 设置为 0。ω_k 和 $\mathrm{RA}(t_k)$ 的具体计算过程如式(6.20)和式(6.21)所示：

$$\omega_k = \frac{1}{\mathrm{Eol} - \mathrm{TSP}} \tag{6.20}$$

$$RA(t_k) = 1 - \frac{\left| l_{t_k} - l^*_{t_k} \right|}{l^*_{t_k}} \tag{6.21}$$

Cpe 被定义为预测误差曲线下原点与质心之间的欧氏距离，其能够评估预测寿命收敛到实际寿命的收敛速度，收敛值越低意味着预测 RUL 收敛于真实 RUL 的速度越快，具体计算如式(6.22)所示：

$$Cpe = \sqrt{(C_x - T_1)^2 + C_y^2} \tag{6.22}$$

其中，T_1 为第一个预测时刻；(C_x, C_y) 为预测误差曲线与坐标轴围成的封闭区域的质心。

因此，分别计算上述六种方法的 RMSE、CRA 和 Cpe 指标，具体计算结果见表 6.1。从表中可以清楚地看出，与其他五种方法相比，本节所提算法，即 TVPF 算法具有最小的均方根误差值、最高的 CRA 值以及较低的收敛值，这意味着本节所提算法能够提供更准确的 RUL 预测结果且具有较快的收敛速度。因此，与其他流行预测方法相比，本节所提算法具有一定的优越性。

表 6.1　六种预测方法性能评估结果(PHM2012 实验数据)

评价指标	线性粒子滤波	二次粒子滤波	指数粒子滤波	自适应回归模型	时变卡尔曼滤波	TVPF
RMSE/min	417	216	279	395	174	163.48
CRA	0.44	0.62	0.55	0.41	0.37	0.83
Cpe	629	495	528	549	438	480

2. 辛辛那提实验数据分析

对辛辛那提第三次实验的轴承 3 的全寿命周期数据进行分析。其中，该轴承的 RMS 及其退化区间的局部放大图如图 6.10 所示。分析该轴承全寿命周期数据演变趋势可知，轴承运行初期振动信号幅值较小且趋于稳定，随着时间的增长，振动幅值急剧增大直至停止实验，且退化阶段轴承近似呈二次函数退化趋势，将此阶段作为寿命预测研究的重点阶段，如局部放大图所示。

当监测到轴承进入退化阶段时，采用 TVPF 算法对轴承真实健康状态进行估计，然后基于全局和局部信息融合策略对轴承的 RUL 进行预测，预测结果如图 6.11 所示。从图中可知，相较于其他方法，本节所提算法最早收敛于真实寿命，在预测后期预测精度最高；且在整个寿命预测结果波动较小，表明本节所提算法具有更高的稳定性。

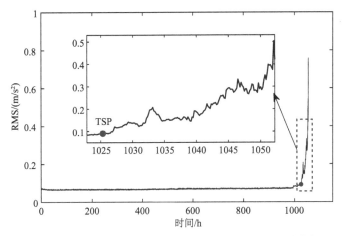

图 6.10 RMS 及其退化区间局部放大图(辛辛那提实验数据)

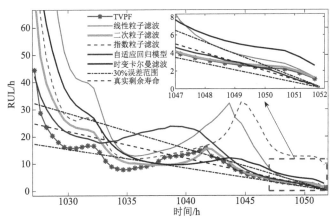

图 6.11 六种方法寿命预测结果对比图(辛辛那提实验数据)

分别计算六种预测方法的 RMSE、CRA 及 Cpe 值,如表 6.2 所示。从表中可以看出,本节算法具有较小的均方根误差、更高的累计相对精度以及更快的收敛速度。因此,该组实验也证明了相较于其他五种预测方法,本节所提算法具有更高的预测精度和更好的鲁棒性。

表 6.2 六种预测方法性能评估结果(辛辛那提实验数据)

评价指标	线性粒子滤波	二次粒子滤波	指数粒子滤波	自适应回归模型	时变卡尔曼滤波	TVPF
RMSE/h	208.00	45.28	87.42	34.69	83.51	28.18
CRA	0.34	0.69	0.27	0.69	0.49	0.71
Cpe	215.23	72.83	95.95	65.77	106.00	48.18

3. 西交实验数据分析

采用西安交通大学的实验数据（简称西交实验数据）的轴承 3-1 进行分析，其全寿命周期 RMS 及其退化区间的局部放大图如图 6.12 所示。分析该轴承全寿命周期数据演变趋势可知，轴承前期振动幅值较小且趋于稳定，后期振动幅值急剧增大直至轴承失效停止实验，因此可将该轴承全寿命周期数据划分为健康阶段和退化失效阶段两个阶段，且该轴承的退化阶段近似呈指数函数退化规律。

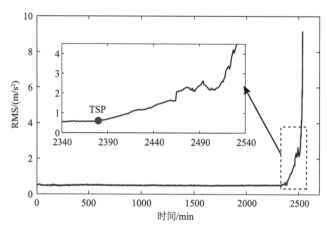

图 6.12　RMS 及其退化区间的局部放大图(西交实验数据)

采用本节所提算法对其 RUL 进行预测，并和其他几种基于模型的预测方法进行对比，预测结果如图 6.13 所示。从图中可知，指数粒子滤波、二次粒子滤波和时变卡尔曼滤波预测效果相当，在预测前期能较早收敛于真实寿命，预测中期的预测精度较高，但在预测后期预测结果远大于真实寿命，误差较大；而自适应回归模型收敛速度最慢，在前中期都有较大误差，但预测后期有着最高的预测精度。

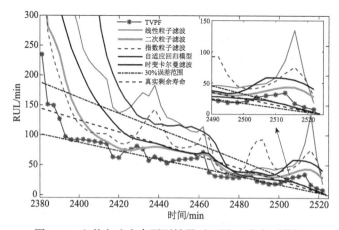

图 6.13　六种方法寿命预测结果对比图(西交实验数据)

而相较于其他方法，本节所提算法最早收敛于真实寿命，且在整个性能衰退过程中，其寿命预测结果的波动性最小，表明相较于其他方法，本章所提算法具有更高的稳定性。

为了定量衡量几种方法的预测性能，分别计算其 RMSE、CRA 及 Cpe 值，如表 6.3 所示。从表中可以看出，本节所提算法的收敛性指标和均方根误差分别为45.96 和 23.25min，表明本节所提算法在整个预测过程中具有最快的收敛速度和最小的预测误差；但其累计相对精度仅为 0.56，位居第四，这表明本节所提算法在预测此类退化过程的预测精度上有待进一步提升。

表 6.3　六种预测方法性能评估结果(西交实验数据)

评价指标	线性粒子滤波	二次粒子滤波	指数粒子滤波	自适应回归模型	时变卡尔曼滤波	TVPF
RMSE/min	217.14	43.52	47.78	171.96	70.82	23.25
CRA	0.35	0.64	0.43	0.64	0.61	0.56
Cpe	224.85	69.24	70.12	178.44	92.78	45.96

本节提出了一种基于 TVPF 的滚动轴承寿命预测方法。首先，对传统 PF 的预测性能进行分析，发现当 PF 的状态模型与轴承退化过程相匹配时预测精度最高；然后，针对单一退化模型难以有效追踪轴承退化过程的难点提出了 TVPF 算法，该算法能够根据轴承退化特征自适应选择最优预测模型，实现了轴承退化趋势的动态追踪，增强了预测模型的泛化能力。此外，提出基于已有数据的全局和局部信息融合策略预测轴承 RUL，不仅充分利用了全局和局部的退化信息，而且基于概率密度分布预测轴承寿命，避免了单次预测的偶然性。最后，通过三组具有不同退化趋势的轴承实验数据对本节所提算法进行了分析，并与其他预测方法进行了对比，预测结果验证了本节所提算法具有较好的泛化能力。

然而，本节所提算法也存在一定的局限性，当轴承出现局部波动时，预测精度不理想；其次，在预测轴承 RUL 时，对全局和局部的权重进行了定值设置，此做法考虑了全局和局部对轴承未来状态的影响，但并未对其重要性程度进行合理性评估，导致所构建模型在处理复杂退化过程时不够灵活。上述局限性，将在 6.2 节进行分析解决。

6.2　双流无迹粒子滤波寿命预测算法

针对 TVPF 算法在预测波动退化过程轴承 RUL 时预测精度低、参数设置不够灵活的问题，本节提出基于双流无迹粒子滤波(dual-stream unscented particle filter，

DUPF)的滚动轴承寿命预测方法。首先，为了降低波动过程对寿命预测结果的影响，基于指数模型和多项式模型构建了 DUPF 模型，实现了对轴承长期退化趋势和短期局部波动退化信息的挖掘；其次，基于动态贝叶斯提出了综合融合策略，通过定量评估双流信息源的失效概率对其权重进行自适应优化，进而提高了 RUL 预测精度。两组具有不同波动程度的轴承全寿命退化数据和几种经典预测方法也将用于证明本节算法的可行性。

6.2.1　无迹粒子滤波算法原理

PF 虽然广泛应用于各领域，但也存在一定的局限性，如粒子退化问题，因为粒子权重的方差会随着时间的迭代而不断增加，经过若干次迭代，除少数粒子外，大多数粒子的权重会小到忽略不计的程度，继续迭代不仅会造成计算资源的浪费，还会导致估计结果发散。因此，有必要对粒子的重要性采样分布进行分析。本节采用无迹粒子滤波(unscented particle filter，UPF)估计轴承状态，与无迹卡尔曼滤波(unscented Kalman filter，UKF)和扩展卡尔曼滤波一样，在计算均值和方差时，利用了最新的量测信息，但 UPF 利用了无迹变换算法，提高了粒子追踪精度，能够有效改善粒子的退化问题[1]。

UPF 算法流程如下。

(1)初始化阶段。当 $k=0$ 时，从先验分布 $p(x_0)$ 中采样 M 个粒子生成原始粒子集 x_0^i，将每个粒子的权重设置为 $\omega_0^i = \dfrac{1}{M}(i=1,2,\cdots,M)$；当 $k>0$ 时，令 $k=k+1$，依次迭代得到每一时刻的粒子集 $x_k^i(i=1,2,\cdots,M)$。

(2)重要性采样阶段。首先利用 UKF 算法计算每一个粒子的均值 $\overline{x}_{k-1}^i$ 和协方差 P_{k-1}^i，根据高斯分布 $N(\overline{x}_k^i,P_k^i)$ 计算采样更新粒子，如式(6.23)所示：

$$\hat{x}_k^i \sim q(x_k^i \mid x_{0:k-1}^i,y_{1:k}) = N(\overline{x}_k^i,P_k^i) \tag{6.23}$$

然后，利用量测值更新各粒子权重，如式(6.24)所示：

$$\omega_k^i = \omega_{k-1}^i \frac{p(y_k \mid \hat{x}_k^i)p(\hat{x}_k^i \mid x_{k-1}^i)}{p(\hat{x}_k^i \mid x_{0:k-1}^i,y_{1:k})},\quad i=1,2,\cdots,M \tag{6.24}$$

最后，实现粒子权重的归一化，如式(6.25)所示：

$$\omega_k^i = \frac{\omega_k^i}{\displaystyle\sum_{i=1}^{M}\omega_k^i} \tag{6.25}$$

(3)重采样阶段。对粒子按其权重大小 ω_k^i 进行排序,在粒子数目 M 不变的情况下,舍弃权重较小的粒子,复制权重较大的粒子。现在常见的重采样算法有随机重采样、系统重采样、多项式重采样和残差重采样,算法将处理后的粒子映射为权重均为 $\dfrac{1}{M}$ 的 M 个粒子。

(4)状态估计阶段。对粒子进行加权求和,输出状态估计值和协方差矩阵如式 (6.26)和式(6.27)所示:

$$\hat{x}_k = \sum_{i=1}^{M} \omega_k^i x_k^i \tag{6.26}$$

$$P_k = \sum_{i=1}^{M} \omega_k^i \left(x_k^i - \hat{x}_k^i \right)\left(x_k^i - \hat{x}_k^i \right)^{\mathrm{T}} \tag{6.27}$$

6.2.2 双流无迹粒子滤波预测模型

轴承的性能退化过程整体呈波动上升的趋势,其中,整个退化过程的趋势信息包含了轴承长期的健康演变趋势,而最新的局部信息隐藏了轴承最新的缺陷扩展情况,因此,为有效预测波动过程轴承的剩余使用寿命,本节构建了双流无迹粒子滤波模型,分别基于整体退化趋势和局部退化数据预测轴承的长期寿命和短期寿命,最后获得轴承综合寿命的有效预测。

1. 退化阶段识别

在 RUL 预测中,第一步是监测轴承开始进入退化阶段的时间。为了准确检测这一时刻,采用基于相似性的方法来确定 TSP 点,如图 6.14 所示。

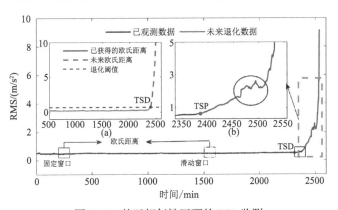

图 6.14 基于相似性匹配的 TSP 监测

首先，设置一个长度为 M 的固定窗口，截取健康阶段的 HI 作为基本参考数据集，可以表示为 $X = \{z_1, \cdots, z_M\}$。然后，采用相同长度的滑动窗口来捕捉最新监测到的 HI，可以表示为 $Y = \{z_{k-M+1}, \cdots, z_k\}$。最后，两个数据集的相似度可以用欧氏距离来衡量，如式(6.28)所示：

$$\mathrm{Dist}(X, Y) = \sqrt{\sum_{i=1}^{M} (X_i - Y_i)^2} \tag{6.28}$$

因此，可以得到欧氏距离随时间变化的曲线，通过健康阶段下欧氏距离的平均值可以确定轴承的 DT。当欧氏距离首次超过 DT 时，表明轴承已进入退化阶段。此时滑动窗口内不仅包含了部分健康数据，还包含了开始退化的数据，因此该阶段具有良好的趋势性。为了更好地利用轴承退化数据，本章选择滑动窗口进入退化阶段前的时刻作为 TSD 点。

当检测到轴承已经进入退化阶段时，为了有效利用退化数据，有必要估计当前时期的健康状态。本节采用包括指数和多项式的混合 UPF 模型(UPF based on hybrid model，HM-UPF)作为 UPF 的状态模型来估计轴承的健康状态。

$$x_k = a\mathrm{e}^{bt} + ct^2 + dt + e + v_k \tag{6.29}$$

其中，a、b、c、d、e 是混合模型的参数。

开始预测轴承 RUL 的时间被定义为 TSP 点，它对寿命预测精度有着较大影响。首先，设置一个滑动窗口，截取刚刚进入退化阶段的 L 个 HI；其次，用 HM-UPF 估计 $\mathrm{TSD}+L$ 时间的健康状态 $\hat{x}_{\mathrm{TSD}+L}$；再次，将窗口向前移动以估计下一时刻的健康状态；最后，当状态估计值的长度大于 $L_{\min}$ 时，就是开始预测 RUL 的时间，并将当前时刻设置为 TSP 点(其中 $L_{\min}$ 是预设的预测轴承 RUL 的最小长度)。

一旦确定了 TSP 点，就可以用健康状态下 HI($z_1, z_2, \cdots, z_{\mathrm{TSP}-1}$)的平均值 μ 和方差 σ 来估计轴承的 FT，如式(6.30)所示：

$$\mathrm{FT} = \mu + \lambda\sigma \tag{6.30}$$

因此，TSP 点和 FT 可以根据轴承的整体健康状态退化过程进行自适应设置，这为准确预测 RUL 提供了先决条件。

2. 基于整体退化趋势的长期 RUL 预测

在轴承的性能退化过程中，其 HI 整体呈上升趋势，因此，寿命预测的重点之一是研究轴承整体的退化趋势。在常见的基于模型的预测算法中，指数模型具有极高的稳定性，因此将其作为 UPF 的状态模型分析轴承整体的退化趋势，即基于指数模型的无迹粒子滤波模型(unscented particle filter based on exponential model，

EM-UPF)，实现对其 RUL 的长期预测，计算方法如式(6.31)所示：

$$x_k = a_1 \cdot e^{a_2 t} + v_k \tag{6.31}$$

当监测到轴承进入 RUL 可预测的退化阶段时，截取所有状态估计值，然后基于 UPF 对模型参数进行估计以获得全局最优退化模型 $Opt\_y_{t_0}$，并预测轴承未来退化状态 $Opt\_y_{t_0+j}(j=1,2,\cdots)$。为了估计轴承的全局失效寿命，先对未来失效概率进行估计，如式(6.32)～式(6.34)所示：

$$p(F_{t_0+j}) = p(F_{t_0+j} \mid F_{t_0:t_0+j-1})p(H_{t_0:t_0+j-1}) \tag{6.32}$$

$$p(F_{t_0+j} \mid H_{t_0:t_0+j-1}) = Q\left(\frac{FT - Opt\_y_{t_0+j}}{\sigma\sqrt{j+1}}\right) \tag{6.33}$$

$$p(H_{t_0:t_0+j-1}) = [1 - p(F_{t_0+1} \mid H_{t_0})] \times \cdots \times [1 - p(F_{t_0+j+1} \mid H_{t_0:t_0+j-2})] \tag{6.34}$$

其中，$p(F_{t_0+j} \mid H_{t_0:t_0+j-1})$ 为从 t_0 到 t_0+j 失效的概率；$p(H_{t_0:t_0+j-1})$ 为从 t_0 到 t_0+j-1 轴承都保持健康的概率；$p(F_{t_0+j})$ 为 t_0+j 时刻失效的概率；Q 为标准高斯分布函数，具体推导过程见文献[5]。

如此便获得了未来每一时刻轴承的失效概率，其中最大失效概率 LT_{p_k} 所对应的时刻，即为长期失效时刻 $LPre\_t_0$，因此，t_0 时刻估计的长期趋势寿命 $LTRUL_{t_0}$ 如式(6.35)所示：

$$LTRUL_{t_0} = LPre\_t_0 - t_0 \tag{6.35}$$

3. 基于局部波动信息的短期 RUL 预测

在轴承的性能退化过程中，缺陷的扩展情况与健康指标并非简单的线性映射关系，而是有着复杂的机理。轴承的疲劳剥落失效过程可能包含一次或数次波动过程，每个波动产生的时刻、持续时间及振幅大小都是不确定的，而且每个波动都包含可能直接导致轴承失效的故障信息。为了最大限度地利用隐藏在波动过程中的故障信息，本节采用了高次多项式与指数相结合的混合模型对短期波动寿命进行预测。

当轴承进入到可预测的退化阶段时，即可开始对其短期波动寿命进行预测。首先需要设置一个长度为 N 的滑动窗口截取最近 HI，然后将混合模型作为 UPF 的状态模型，最后基于动态贝叶斯算法获得短期波动寿命 $SFRUL_{t_k}$ 及其失效概率 SF_{p_k}，具体计算流程同第 2 部分长期趋势寿命计算过程。

然而，在预测具有复杂退化过程的短期波动寿命时，极有可能出现混合模型失效的情况，即局部最优退化模型无法有效追踪和预测未来退化趋势，此时预测的退化曲线无法到达 FT，最大失效概率值 LT_{p_k} 也远低于正常值。因此，为了避免此类状况的发生，需要设置一个模型最小失效概率 $p_{\min}$。当混合模型预测的失效概率小于 $p_{\min}$ 时，将混合模型替换为更为稳定的指数模型进行预测。当指数模型也失效时，表明轴承出现更为复杂的退化过程，局部预测无法提供有效的 RUL 预测值，此时令短期波动寿命 $\text{SFRUL}_{t_k}=0$，短期预测的失效概率值 $\text{SF}_{p_k}=0$，即默认将长期趋势寿命作为最终的寿命预测结果。

4. 滚动轴承综合寿命预测

在获得长期趋势寿命 LTRUL_{t_0} 和短期波动寿命 SFRUL_{t_k} 后，急须解决的一个困难是如何完全融合双流信息源的预测结果，因此，本节提出了一个综合融合策略，以失效概率为依据，对轴承的寿命 RUL_k 进行预测，如式(6.36)所示：

$$\text{RUL}_k = \frac{\text{LT}_{p_k}}{\text{LT}_{p_k}+\text{SF}_{p_k}}\text{LTRUL}_{t_0} + \frac{\text{SF}_{p_k}}{\text{LT}_{p_k}+\text{SF}_{p_k}}\text{SFRUL}_{t_k} \tag{6.36}$$

6.2.3　实验验证

为了验证本节所提算法对预测波动过程轴承寿命的有效性，通过两组包含不同波动程度的轴承实验数据进行分析。同时选择相同的 HI 及 FT，将本节所提算法与其他四种寿命预测方法进行对比。

1. 西交实验数据分析

首先，采用实验数据 3 中的全寿命周期实验数据进行验证。为了验证本节所提算法的预测性能，选择了退化过程含有一个局部波动的轴承 3-1 进行分析，其全寿命周期 RMS 及其退化区间局部放大图如图 6.15 所示。

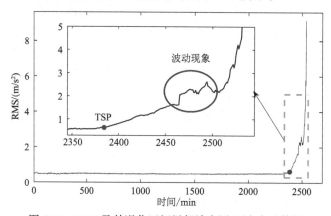

图 6.15　RMS 及其退化区间局部放大图(西交实验数据)

在预测轴承 RUL 时，需要对轴承的健康状态进行实时监测。当轴承进入退化阶段并到达可预测寿命的 TSP 点时，采用本节所提的 DUFP 算法分析轴承长短期的退化状态及对应的寿命信息。最后基于动态贝叶斯算法估计未来失效概率，并以概率为权重设置依据对轴承的 RUL 进行估计。

图 6.16 分别展示了本节所提算法在 2390min、2407min、2465min 和 2524min 的失效概率密度曲线，点画线和实线(圆点处)分别代表轴承的真实寿命和预测寿命，灰色方框代表了每个时刻预测的不确定性区间。从图中可以看出，随着运行时间增加，轴承的概率密度曲线变得"高"而"瘦"，表明其失效概率逐渐增大、预测的不确定区间逐渐减小；同时，所预测的最终 RUL 与真实寿命之间的距离也随着时间的推移而减小，表明本节所提算法的预测精度逐渐提高。

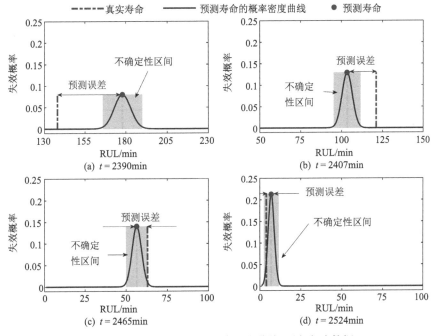

图 6.16　不同时刻的失效概率密度曲线(西交实验数据)

为了证明本节所提算法的优越性，采用基于回归的自适应回归模型、时变卡尔曼滤波、时变粒子滤波和指数无迹粒子滤波四种常用方法对各检测时刻轴承的 RUL 进行估计，结果如图 6.17 所示。可以看出，与其他方法相比，本节所提算法在早期阶段最早收敛到实际 RUL；在预测中期，预测的 RUL 在实际 RUL 附近波动，只有少数结果超过 30%误差范围；在预测后期，偏差逐渐减小，预测 RUL 收敛于实际 RUL，也展示了本节所提算法在整个预测过程中的优越性。本节选用 RMSE 及 CRA 定量衡量五种预测方法的预测性能，具体计算结果如表 6.4 所示。

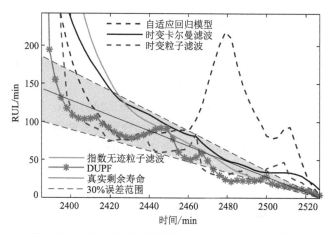

图 6.17　五种方法寿命预测结果对比图(西交实验数据)

表 6.4　五种预测方法的性能评估结果(西交实验数据)

评价指标	自适应回归模型	时变卡尔曼滤波	时变粒子滤波	指数无迹粒子滤波	DUPF
RMSE/min	78.517	60.228	75.055	112.615	52.109
CRA	0.393	0.569	0.594	0.649	0.763

　　为了更好地显示五种方法的预测性能,绘制了如图 6.18 所示的直方图,可以清楚地看到,本节所提算法的预测误差值最小,预测精度最高。因此,本章提出算法优于其他四种方法。

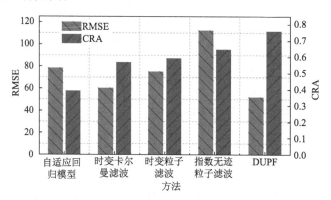

图 6.18　五种预测方法评估结果对比图(西交实验数据)

2. 辛辛那提实验数据分析

　　本节采用实验数据 2 中的轴承全寿命周期数据进行验证。为了进一步验证本节所提算法在复杂退化过程轴承寿命的预测性能,选择了一个退化过程更为复杂的轴承全寿命周期数据进行分析,即轴承 3-2,该轴承的健康阶段和退化阶段退化过程如图 6.19 所示。从图中可以发现,该轴承在退化过程中包含了多个波动现象。

因此，选择该组轴承数据来验证本节所提算法的预测性能。

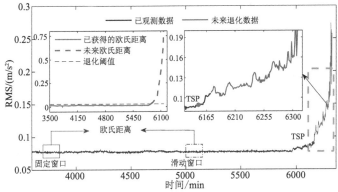

图 6.19 轴承的健康阶段和退化阶段退化过程

为了验证本节所提算法的有效性，将其和四种经典的基于模型的预测方法进行了对比。为了公平比较，所有方法都选择相同的 HI、TSP 和 FT，五种方法寿命预测结果如图 6.20 所示。从图中可以看出，在中期预测期间，自适应回归模型的预测结果呈现剧烈波动，导致出现过度估计和保守估计，这意味着当预测具有复杂退化过程的 RUL 时，该方法的泛化能力不足。在后期，四种对比方法的估计结果比实际 RUL 大得多，这意味着四种方法都过高地估计了轴承的 RUL。本节所提算法可以在早期预测阶段较早地收敛到实际的 RUL。随着退化过程变得更加复杂，绝大多数的预测结果都在 30%的误差范围内，且预测寿命和实际寿命之间的距离越来越小。这意味着预测精度正在逐渐提高。总体来说，与其他方法相比，本节所提算法在复杂退化过程的轴承 RUL 预测方面具有独特的优势。

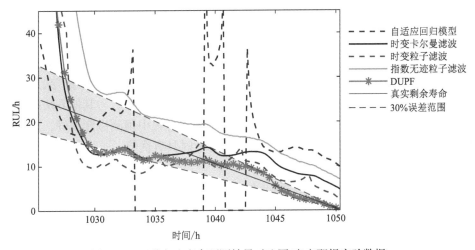

图 6.20 五种方法寿命预测结果对比图(辛辛那提实验数据)

为了定量衡量五种方法的预测性能, 在 TSP 到 Eol 时间尺度上计算 RMSE 和 CRA, 如表 6.5 所示。结果表明, 本节所提算法具有最高的 CRA 和最低的 RMSE。图 6.21 也清楚地显示了本节所提算法与其他方法相比具有最好的预测精度和鲁棒性, 验证了其在波动退化过程轴承 RUL 预测中的优越预测性能。

表 6.5　五种预测方法的性能评估结果（辛辛那提实验数据）

评价指标	自适应回归模型	时变卡尔曼滤波	时变粒子滤波	指数无迹粒子滤波	DUPF
RMSE/h	76.590	71.189	61.731	255.677	57.607
CRA	0.244	0.487	0.499	0.257	0.756

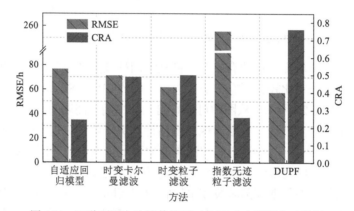

图 6.21　五种预测方法评估结果对比图(辛辛那提实验数据)

本节提出了一种基于 DUPF 的滚动轴承预测方法以改善波动退化过程预测精度低的问题。首先构建了 DUPF 模型以降低波动过程对寿命预测结果的影响。相较于仅使用整体的趋势信息或最新的状态信息, 双流模型充分考虑了轴承整体的退化趋势信息以及最新的局部波动退化状态, 提高了退化信息的利用率, 实现了两种模型优势的互补; 其次基于动态贝叶斯算法提出了综合融合策略, 通过对双流信息失效概率进行定量评估来优化相应权重, 提高了 RUL 预测精度。采用两组具有不同波动过程的实验数据验证了本节所提算法的有效性。与其他方法得到的寿命预测结果对比显示, 本节所提算法在整个预测过程中预测性能最好, 预测精度最高, 表明其在预测波动退化过程轴承的寿命时具有优势。

参 考 文 献

[1] Miao Q, Xie L, Cui H J, et al. Remaining useful life prediction of lithium-ion battery with unscented particle filter technique[J]. Micro-Electronics Reliability, 2013, 53(6): 805-810.

[2]　Ahmad W, Khan S, Kim J. A hybrid prognostics technique for rolling element bearings using adaptive predictive models[J]. IEEE Transactions on Industrial Electronics, 2018, 65(2): 1577-1584.

[3]　Cui L L, Li W J, Wang X, et al. Comprehensive remaining useful life prediction for rolling element bearings based on time-varying particle filtering[J]. IEEE Transactions on Instrumentation and Measurement, 2022, 71: 1-10.

[4]　Saxena A, Celaya J, Saha B, et al. Metrics for offline evaluation of prognostic performance[J]. International Journal of Prognostics & Health Management, 2010, 1(1): 2153-2648.

[5]　Kordestani M, Zanj A, Orchard M E, et al. A modular fault diagnosis and prognosis method for hydro-control valve system based on redundancy in multisensor data information[J]. IEEE Transactions on Reliability, 2018, 68(1): 330-341.

第7章　基于稀疏图学习的预测方法

本章构建新的性能退化模型，生成涵盖多种退化行为的性能退化字典。随后提出基于图信号处理技术的数据信息挖掘方法，利用构建的性能退化字典和测试轴承数据构建拓扑图，并开发寿命预测方法。为了降低预测模型复杂度及参数敏感度，提出优化的自适应稀疏图学习(adaptive sparse graph learning，ASGL)方法，有效地挖掘数据的隐含信息并实现寿命预测。

7.1　性能退化特征提取及模型

本节提出基于性能退化字典的 ASGL 滚动轴承 RUL 预测方法，主要包括三个关键步骤，即图像纹理特征提取、性能退化字典构建和自适应稀疏图学习。第一步，基于希尔伯特曲线构造原理，将一维时序振动信号转换为二维数字图像，随后提取具有理论上下边界的图像纹理特征作为状态监测指标。第二步，基于理论的上下边界及滚动轴承退化行为分析，构建性能退化字典，作为后续预测的训练样本。第三步，提出改进的 ASGL 方法实现 RUL 预测。具体实施步骤解释如下。

7.1.1　图像纹理特征提取

1. 希尔伯特曲线

希尔伯特曲线是 1891 年由希尔伯特提出的一种空间填充曲线[1]，被广泛应用于目标搜索、分形天线等领域。以边长为 1 的单位正方形平面空间说明希尔伯特曲线的构造方式，如图 7.1 所示。图 7.1(a)展示了一阶希尔伯特曲线，首先将平面等分为 2×2 像素，按照图中的序号将各像素的中心连接即可。图 7.1(b)展示了二阶希尔伯特曲线，平面被等分为 4×4 像素，将基本的一阶希尔伯特曲线缩放为原来的一半后，复制 4 份填充进平面，注意左下角和右下角部分像素点要按图中虚线箭头翻转。三阶、四阶以及更高阶希尔伯特曲线的构造方式同理，不再赘述。

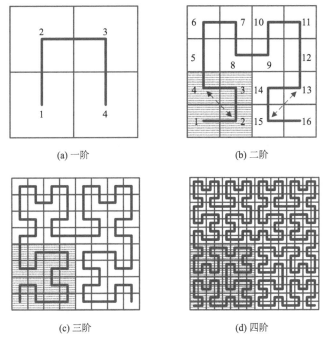

(a) 一阶　　　　　　　　　(b) 二阶

(c) 三阶　　　　　　　　　(d) 四阶

图 7.1　希尔伯特曲线构造方式示意图

　　下面给出希尔伯特曲线构造方式的数学阐述。由上述原理可知，某阶希尔伯特曲线由其低一阶的希尔伯特曲线单元以相同的规律排布构成，因此构造高阶希尔伯特曲线可以通过迭代方式实现。图 7.2 展示了构成二阶希尔伯特曲线的三种节点构型，其中图 7.2(a)即一阶希尔伯特曲线。为方便表述迭代过程，以复数的实部表示数据节点的横坐标，复数的虚部表示数据节点的纵坐标，按照序列顺序描述一阶希尔伯特曲线各数据节点坐标，如式(7.1)所示：

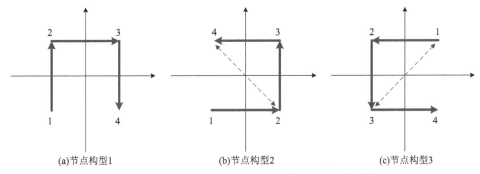

(a)节点构型1　　　　　　(b)节点构型2　　　　　　(c)节点构型3

图 7.2　构成二阶希尔伯特曲线的三种节点构型示意图

$$\begin{cases} -0.5 - 0.5\mathrm{i} \\ -0.5 + 0.5\mathrm{i} \\ 0.5 + 0.5\mathrm{i} \\ 0.5 - 0.5\mathrm{i} \end{cases} \text{记为：} z_1 \tag{7.1}$$

同理可得图 7.2(b)和(c)所示结构各数据节点坐标，如式(7.2)所示：

$$\begin{cases} -0.5 - 0.5\mathrm{i} \\ 0.5 - 0.5\mathrm{i} \\ 0.5 + 0.5\mathrm{i} \\ -0.5 + 0.5\mathrm{i} \end{cases} \text{记为：} w, \quad \begin{cases} 0.5 + 0.5\mathrm{i} \\ -0.5 + 0.5\mathrm{i} \\ -0.5 - 0.5\mathrm{i} \\ 0.5 - 0.5\mathrm{i} \end{cases} \text{记为：} -w \tag{7.2}$$

分析可得

$$w = 1\mathrm{i} \times \mathrm{conj}(z_1) \tag{7.3}$$

其中，conj 表示复共轭。

定义 $a = 1 + 1\mathrm{i}$，$b = 1 - 1\mathrm{i}$，则二阶希尔伯特曲线各数据节点坐标如式(7.4)所示：

$$\begin{cases} (w - a)/2 \\ (z_1 - b)/2 \\ (z_1 + a)/2 \\ (-w + b)/2 \end{cases} \text{记为：} z_2 \tag{7.4}$$

其中，$+a$ 表示向坐标系右上角平移；$-a$ 表示向坐标系左下角平移；$+b$ 表示向坐标系右下角平移；$-b$ 表示向坐标系左上角平移。

由此获得了二阶希尔伯特曲线各数据节点坐标。更高阶的希尔伯特曲线节点坐标可通过重复式(7.1)、式(7.3)和式(7.4)的过程迭代得到。

不难看出，通过希尔伯特曲线，可实现一维序列和二维矩阵(图像)的相互表示，即可用于一维序列的二维可视化。由于数字图像比一维序列具有更强的抗干扰性能，本章考虑将其应用于滚动轴承一维振动监测信号的二维数字图像表示，并从中提取合适的特征指标，实现性能退化评估。

2. 图像纹理特征

旋转机械故障振动信号波形通常存在周期性特征，转换至二维数字图像后则表现为规律性的纹理信息，因此提取图像的纹理特征作为反映健康状态的指标。

通过希尔伯特曲线构造得到的数字图像是二维矩阵，因此呈现为灰度图像。

将图像的灰度等级设定为 L，则可定义灰度共生矩阵，表示为 p，其原理示意如图 7.3 所示。图中展示了灰度等级为 8 的 5×5 像素数字图像。纹理信息反映的是图像中重复出现的特征，因此统计某像素与其相邻像素构成的灰度等级对在图像中的出现次数，即可构造灰度共生矩阵。值得注意的是，相邻像素对的位置关系有 4 种，如图中的箭头所示，因此实际中可获得 4 个反映图像不同方向特征的灰度共生矩阵，将其归一化后，最终提取指标时计算平均值即可。基于文献[2]和[3]中提及的对比度、相关性、一致性和同质性指标，本节结合滚动轴承性能退化评估的实际需求，提出如下改进的图像纹理特征。

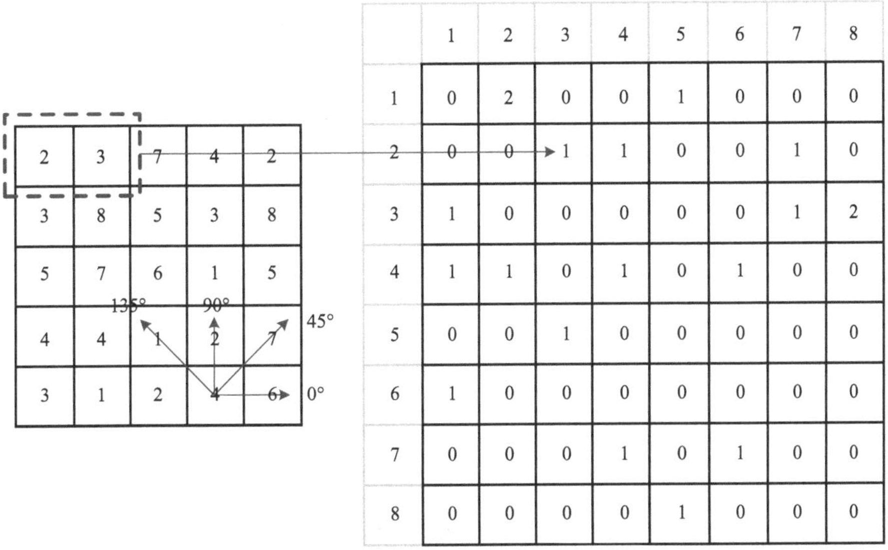

(a) 数字图像矩阵　　　　　　　　　　　　(b) 水平向灰度共生矩阵

图 7.3　灰度共生矩阵构造原理示意图

对比度指标如式(7.5)所示：

$$F_1 = \sum_{j,k} \frac{|j-k|^2 \, p(j,k)}{(L-1)^2} \tag{7.5}$$

对比度指标反映了某像素与其邻域像素的亮度对比，即纹理越清晰，对比度越大。因此，理论上认为滚动轴承故障特征越明显，对比度越大。改进的指标将其范围限制在(0,1)，静态图像的对比度为 0。

相关性指标如式(7.6)所示：

$$F_2 = \sum_{j,k} \frac{\left| j - \mu_j \right| \left| k - \mu_k \right| p(j,k)}{\sigma_j \sigma_k} \tag{7.6}$$

其中，μ_j 和 μ_k 为灰度共生矩阵 p 第 j 行和第 k 列各自的均值；σ_j 和 σ_k 为灰度共生矩阵 p 第 j 行和第 k 列各自的标准差。相关性指标反映了图像中水平和垂直方向纹理的相关性，正、负相关在此都可反映类似的纹理信息，因此改进指标增加了取绝对值操作，取值范围限制在(0,1)，不相关图像的相关性为 0，纹理特征越明显相关性越大，静态图像的相关性为无穷大。

一致性指标如式(7.7)所示：

$$F_3 = 1 - \sum_{j,k} p(j,k)^2 \tag{7.7}$$

一致性指标反映了纹理特征重复出现的次数，相同的纹理特征在图像中越多，对应的像素对关系在灰度共生矩阵中则越集中，导致共生矩阵的能量越低。因此，构建上述指标形式，随着滚动轴承的逐渐退化，纹理逐渐清晰，一致性指标理论上也逐渐增加，与第 2 章分析的退化趋势保持一致。该指标的范围限制在(0,1)，静态图像的一致性为 0。

同质性指标如式(7.8)所示：

$$F_4 = 1 - \sum_{j,k} \frac{p(j,k)}{1 + |j - k|} \tag{7.8}$$

同质性指标反映了灰度共生矩阵对角线元素的特性，如果对角线元素具有较大值，表明图像整体的像素值变化不大，图像具有连续平滑的灰度，纹理特征不明显。因此构建上述指标形式，随着滚动轴承的逐渐退化，纹理逐渐清晰，同质性指标理论上也逐渐增加，与第 2 章分析的退化趋势保持一致。该指标的范围限制在(0,1)，静态图像的同质性为 0。

3. 仿真信号分析

为了验证所构建的图像纹理特征衡量滚动轴承性能退化的有效性，依据第 2 章生成的不同故障程度的仿真信号进行分析。图 7.4 展示了六组滚动轴承故障程度递增的仿真信号(横坐标数字越大代表故障越严重)，以及使用希尔伯曲线将这些一维时域波形转变成的二维数字图像。从图中可以看出随着故障冲击的显著增加，图像呈现的纹理信息越来越明显，相应的纹理指标值也逐渐增加，表明图像纹理指标能有效跟踪滚动轴承的退化行为。

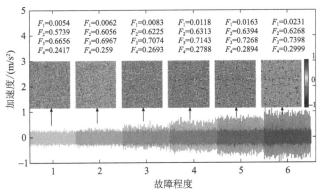

图 7.4　滚动轴承故障程度递增仿真信号及对应二维数字图像

4. 实验信号分析

1)指标特性分析

首先采集真实的故障滚动轴承振动信号，分析上述性能指标对故障状态的表达性能。故障轴承实验台如图 7.5 所示。转轴由电机直接驱动，转速设置为 1200r/min。测试轴承型号为 SKF6010，安装在末端轴承座内。为了模拟不同故障程度的轴承，采用线切割技术在外圈、内圈滚道上分别加工周向损伤宽度为 0.2mm、2mm、4mm 的故障，即共有 6 个故障轴承件。通过安置在轴承座正上方的加速度传感器采集振动信号作为原始数据。采样频率设置为 65536Hz，每次采样 16384 点，对每个故障轴承分别采样 100 次，最终外圈、内圈不同故障程度的原始振动数据共有 600 组。限于篇幅，图 7.6 仅展示了每种故障情形下的一组振动信号时域波形。

图 7.5　故障轴承实验台

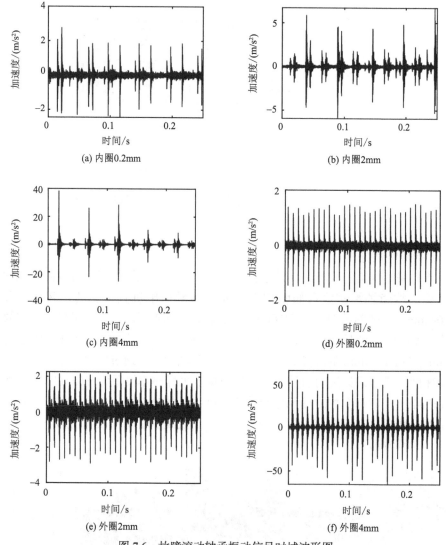

图 7.6　故障滚动轴承振动信号时域波形图

　　应用希尔伯特曲线构造方法,图 7.7 展示了图 7.6 所示振动信号各自对应的二维数字图像,从图 7.7 中可观察到明显的纹理特征,不同故障位置、故障程度的图像包含不同的纹理信息。值得注意的是,由于信号采样长度的限制,以及内圈故障信号存在幅值调制现象,其对应的图像纹理表现不如外圈故障信号清晰。可通过适当降低采样率、提高采样时间的方式获得更多周期的振动信号,以强化图像的纹理特征。

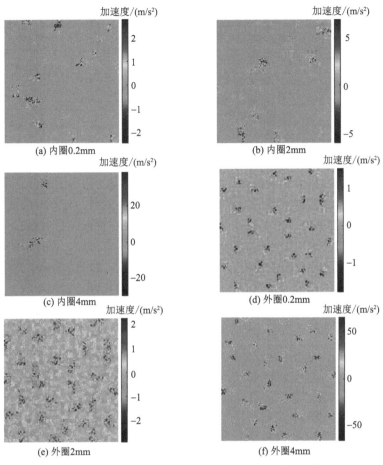

图 7.7 应用希尔伯特曲线方法构造的二维数字图像

为了进一步分析本节所提指标，对 600 组数据均进行特征提取，并与应用广泛的时域统计特征进行对比。常用时域统计特征及计算公式如表 7.1 所示。

表 7.1 常用时域统计特征及计算公式

指标名称	计算公式	指标名称	计算公式
峰峰值	$F_5 = \max(x) - \min(x)$	均方根	$F_8 = \sqrt{\dfrac{1}{T}\sum\limits_{i=1}^{T} x_i^2}$
整流均值	$F_6 = \dfrac{1}{T}\sum\limits_{i=1}^{T}\lvert x_i \rvert$	歪度	$F_9 = \dfrac{\dfrac{1}{T}\sum\limits_{i=1}^{T}\left(x_i - \dfrac{1}{T}\sum\limits_{i=1}^{T} x_i\right)^3}{\left(F_7^2\right)^3}$
标准差	$F_7 = \sqrt{\dfrac{1}{T-1}\sum\limits_{i=1}^{T}\left(x_i - \dfrac{1}{T}\sum\limits_{i=1}^{T} x_i\right)^2}$	峭度	$F_{10} = \dfrac{\dfrac{1}{T}\sum\limits_{i=1}^{T}\left(x_i - \dfrac{1}{T}\sum\limits_{i=1}^{T} x_i\right)^4}{\left(F_7^2\right)^4}$

指标名称	计算公式	指标名称	计算公式
峰值因子	$F_{11} = \dfrac{F_5}{F_8}$	波形因子	$F_{13} = \dfrac{F_{12}}{F_{11}}$
脉冲因子	$F_{12} = \dfrac{F_5}{F_6}$	裕度因子	$F_{14} = \dfrac{F_5}{\left(\dfrac{1}{T} \sum\limits_{i=1}^{T} \sqrt{|x_i|} \right)^2}$

注：x 是时域振动信号序列，T 是振动信号采样点数。

使用 600 组数据分别计算 14 个指标($F_1 \sim F_{14}$)获得的箱形图统计结果如图 7.8 所示。从图中可以看出本节所提指标均落在(0,1)的范围内，与本节的理论分析一致，因此在后续的状态评估与寿命预测过程中不需要对特征向量进行归一化操作，避免了特征之间的绝对差异过大，对提高预测精度具有帮助。而传统的时域统计指标则具有较大的绝对幅值差异，并且存在许多异常点，如图 7.8(b)中的指标 $F_{10} \sim F_{12}$，图 7.8(d)中的指标 F_{14} 均存在明显的野点，表明其容易受到干扰，直接输入评估预测模型往往导致精度较低。并且对预测任务而言，需要进行实时的评估与预测，因此在未来状态数据未知的情况下，传统意义上的归一化操作往往不可实现，由此表明了所建立指标的优越性。

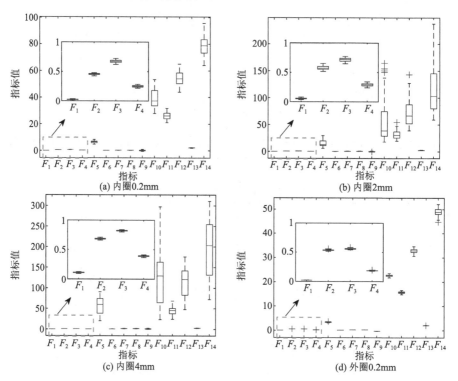

(a) 内圈0.2mm　　(b) 内圈2mm

(c) 内圈4mm　　(d) 外圈0.2mm

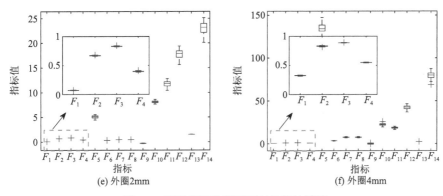

(e) 外圈2mm

(f) 外圈4mm

图 7.8　不同指标的箱形图对比统计结果

另外, 综合对比图 7.8 内圈、外圈的指标, 发现内圈对应指标的箱形图往往较长, 表明其指标波动较大。分析认为与图 7.7 所示内圈纹理不明显的原因一致, 即实验过程中每组数据的采样周期不足, 不能准确反映由调制等形成的波动特征, 可通过适当降低采样率、提高采样时间的方式获得更多周期的振动信号, 以提高特征的稳定性。

2)退化状态评估

本节应用 2.4.2 节介绍的滚动轴承全寿命周期性能退化数据展开分析,讨论本节所提指标对性能退化的评估效果。图 7.9 展示了 3 个运行到失效的滚动轴承全寿命周期性能退化指标演变曲线。从图中可以看出所提指标能较好地表示滚动轴承的退化过程,指标的演变存在明显的健康阶段和退化阶段,和第 5 章的状态评估分析结论一致。所有指标均落在(0,1)范围内,相互之间不至于产生数量级的差距,避免了寿命预测流程中通常难以实施的归一化操作。

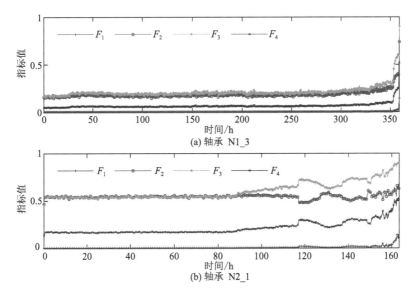

(a) 轴承 N1_3

(b) 轴承 N2_1

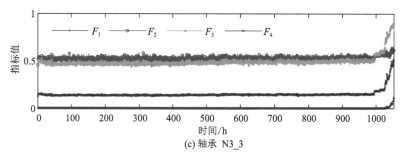

(c) 轴承 N3_3

图 7.9　运行到失效滚动轴承全寿命周期性能退化指标演变过程

　　此外，为了量化评估指标的性能并与传统指标作对比，对所有指标进行趋势性评分[4]。图 7.10 展示了不同性能退化指标的趋势性对比。可以看出本节所提指标在轴承 N2_1 和 N3_3 的表现基本优于传统时域特征，在轴承 N1_3 的表现也基本较优。整体而言，本节所提指标的趋势性评分优于传统时域统计特征。较好的趋势性表现使得本节所提指标能更准确地表征滚动轴承逐渐连续退化的过程，这对后续提高状态评估和寿命预测的准确性具有重要影响。

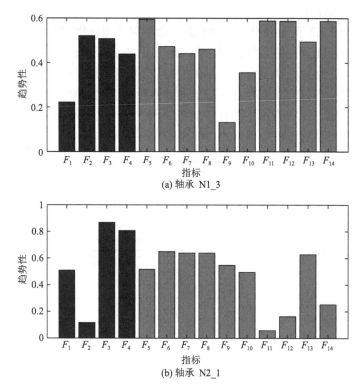

(a) 轴承 N1_3

(b) 轴承 N2_1

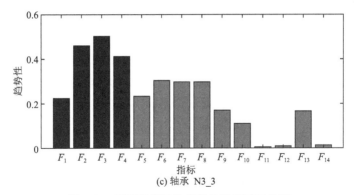

(c) 轴承 N3_3

图 7.10　不同性能退化指标的趋势性对比图

　　本节从原始时域振动信号中提取图像纹理特征。为节省篇幅并便于展示，仅绘制了样本较短的轴承 N2_1 的全寿命周期振动加速度信号和部分退化阶段的典型二维数字图像，如图 7.11(a)所示。可以看出，随着退化行为的逐渐演变，振动

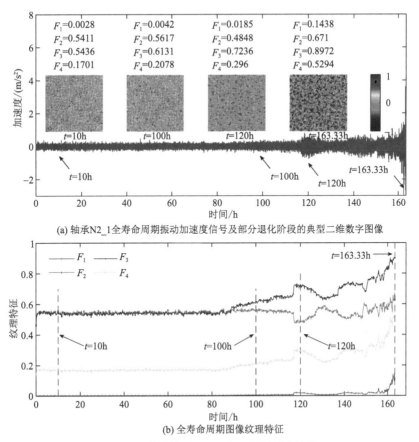

(a) 轴承N2_1全寿命周期振动加速度信号及部分退化阶段的典型二维数字图像

(b) 全寿命周期图像纹理特征

图 7.11　滚动轴承 N2_1 纹理特征提取结果

信号对应的数字图像纹理越来越清晰，表明提取图像纹理特征作为反映轴承退化指标的可行性。提取的图像纹理特征如图 7.11(b)所示，可以看出所建立的指标能准确地跟踪轴承的退化行为，最重要的是所有指标均落在(0,1)范围内，符合理论分析。由于指标具有理论的波动范围，可预先构建大容量性能退化字典，直接作为学习模型的训练样本，弥补了实际中全寿命周期性能退化数据不足的缺陷。

7.1.2　性能退化字典构建

为了弥补实际中运行到失效状态监测数据不足的问题，本节建立性能退化字典，扩充寿命预测的训练样本以提高预测精度。在基于模型的预测方法中，一般将滚动轴承的退化趋势拟合为多项式函数或指数函数。但是这些模型较为单一，不能用于模拟更多类型的退化行为。因此，本节建立扩展的指数函数模型及线性分段模型，表征滚动轴承的多种退化过程。

最基本的指数函数如图 7.12(a)所示，如式(7.9)所示：

$$F_e = a^t, \quad a > 1 \tag{7.9}$$

其中，t 是退化时间；a 是底数。

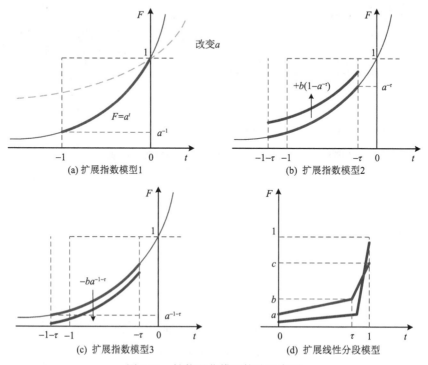

(a) 扩展指数模型1　　　　　(b) 扩展指数模型2

(c) 扩展指数模型3　　　　　(d) 扩展线性分段模型

图 7.12　性能退化模型构造示意图

为简化描述，在(-1,0)的区间内计算 M 个点，作为一组退化序列。显然通过改变系数 a 即可获得一系列不同的演变趋势线。但是这些演变曲线的数值波动范围在$(a^{-1},1)$，不足以涵盖更广泛的退化区间。因此，进一步提出图 7.12(b)和图 7.12(c)两类扩展指数模型，如式(7.10)所示：

$$F_e(i)=\begin{cases}a^{\frac{i}{M}-\tau}+b\left(1-a^{-\tau}\right), & i\in[1,M],a>1,0\leqslant b\leqslant1,0\leqslant\tau\leqslant1\\a^{\frac{i}{M}-\tau}-ba^{-1-\tau}\end{cases} \quad(7.10)$$

其中，τ 是时延系数；b 是平移系数。通过改变参数 a、b、τ 的具体数值，可获得一系列的演变趋势线，如图 7.13(a)所示。

滚动轴承的另一类典型退化趋势为先缓慢线性退化，在某时刻振动突然迅速增加，发生急剧退化。对该退化行为建立扩展线性分段模型(图 7.12(d))，如式(7.11)所示：

$$F_s(i)=\begin{cases}\dfrac{b-a}{\tau}\cdot\dfrac{i}{M}+a, & i\in[1,\text{int}(\tau M)]\\\dfrac{c-b}{1-\tau}\cdot\dfrac{i}{M}+b, & i\in[\text{int}(\tau M)+1,M]\end{cases} \quad(7.11)$$

$$0\leqslant a<1,a<b<1,b<c\leqslant1,0.5<\tau<1$$

其中，int 表示取整数。通过改变参数 a、b、c、τ 的具体数值，即可获得一系列的演变趋势线，如图 7.13(b)所示。

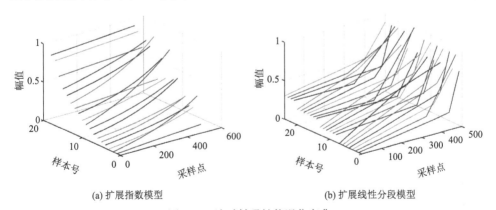

(a) 扩展指数模型   (b) 扩展线性分段模型

图 7.13 滚动轴承性能退化字典

7.2　自适应稀疏图学习方法

基于图信号处理技术的数据信息挖掘方法结构简单、参数较少且能有效学习到数据隐含信息，近年来得到较多研究。此类方法将数据表示为拓扑图结构，以挖掘蕴含在其中的关键信息。典型的应用有聚类分析、数据降维、模式识别等。

聚类分析方面，较经典的方法为谱聚类算法[5]，一般使用 k 近邻方法构建拓扑图，依据谱图理论并结合 k 均值算法实现数据的聚类分析。Tiwari 等[6]成功地将谱聚类算法应用于滚动轴承的状态评估，但其构建拓扑图采用全连接方式，获得的邻接矩阵不稀疏，当数据规模较大时涉及大尺寸矩阵计算，较为耗时。

数据降维方面，较经典的方法为局部线性嵌入(locally linear embedding，LLE)[7]，该方法试图保持领域内样本之间的线性关系。Ma 等[8]提出一种黎曼流形上的局部线性嵌入方法，将其应用于滚动轴承的性能退化评估，其构建拓扑图的优化目标函数依然采用 k 近邻方法。

模式识别方面，典型的方法为标签传播算法，将拓扑图中具有分类标签的部分节点作为监督样本，通过图谱结构预测未标签节点信息。Narang 等[9]提出一种带限图信号重构方法预测图中的未知节点，但其构建拓扑图的方式为 k 近邻方法。Nie 等[10]提出一种自适应邻域方法为每个数据点分配最优的邻居节点，但其优化目标中的正则系数选取依然与近邻点数有关。Kang 等[11]提出一种结构化图学习方法，综合利用局部结构学习和全局结构学习，但文中的分析表明该方法依然受近邻点数的影响。Zhang 等[12]提出一种鲁棒自适应权重学习方法，该方法无近邻点的选择，但涉及多个正则系数的选取，对参数较为敏感。

从前述分析可知，准确构建数据的邻接图是关键。但较为常用的 k 近邻、ε 近邻方法依赖参数的选取，不同的数据集往往对应不同的参数，导致构图的随意性较大。因此，研究自适应构图方法也是本书要解决的关键问题之一。此外，前述方法基本应用于分类识别、故障诊断，由于图结构易于学习，本章探索将其应用于滚动轴承 RUL 预测，以提出一种结构简单、对参数不敏感、模型适应性强的预测方法。

7.1.2 节构建了一定容量的训练样本，将训练样本与当前的测试样本共同组成拓扑图的 N 个节点。一个简单的无向、加权、连通图可以表示为 $G=(X,W)$。矩阵 $X=\{x_i\}(i=1,2,\cdots,N)$ 表示图的 N 个节点，向量 x_i 为节点值。邻接矩阵 $W=\{w_{ij}\}(i,j=1,2,\cdots,N)$，其中，$w_{ij}$ 表示连接节点 i 和 j 的边的权重。显然对一个图而言，最重要的即为确定其邻接关系。

最常用的构图方式为 k 最近邻方法。若节点 i 和 j 不属于对方的 k 最近邻，则

它们不连接，$w_{ij}=0$；反之若节点 i 和 j 有连接，则 $w_{ij}=\left\|x_i-x_j\right\|_2$，$\|\cdot\|_2$ 表示 ℓ_2 范数。k 最近邻方法需要设置近邻点数，该参数往往随实际数据的不同而改变，导致其适应性差。

此外还有 LLE 算法中的局部邻域方法，其优化目标如式(7.12)所示[8]：

$$\min_{w_{ij}} \sum_{i=1}^{N}\left\|x_i-\sum_{j=1}^{k}w_{ij}x_j\right\|_2^2, \quad \text{s.t.} \sum_{j=1}^{k}w_{ij}=1 \tag{7.12}$$

显然通过式(7.12)构建邻域关系依然需要确定近邻点数 k。又有学者提出自适应邻域构图方式，其优化目标如式(7.13)所示[10]：

$$\min_{w_i} \sum_{j=1}^{N}\left\|x_i-x_j\right\|_2^2 w_i+\alpha w_i^{\mathrm{T}}w_i, \quad \text{s.t.}\ w_i^{\mathrm{T}}=1,\ 0\leqslant w_{ij}\leqslant 1 \tag{7.13}$$

从表观来看，式(7.13)中没有近邻点数的依赖，但该优化目标中正则系数 α 的确定与近邻点数 k 有关，文献[9]中也指出这一点。故该方法的适应性依然存在一定不足。

因此，本节提出 ASGL 方法。首先考虑如下新构建的优化目标，如式(7.14)所示：

$$\min_{i,j} \sum_{i=1}^{N}\sum_{j=1}^{N}\left(\left\|x_i-x_j\right\|_2 w_{ij}\right)^2 \tag{7.14}$$

$$\text{s.t.}\ w_i^{\mathrm{T}}\tilde{I}_i=1,\ 0\leqslant w_{ij}\leqslant 1,\ \tilde{I}_{j=i}=0,\ \tilde{I}_{j\neq i}=1,\ i,j\in[1,N]$$

令 $D_{ij}=\left\|x_i-x_j\right\|_2$，则将式(7.14)写成矩阵形式，如式(7.15)所示：

$$\min_{w_i} \sum_{i=1}^{N}\left(w_i^{\mathrm{T}}D_{ij}\right)^2=\min_{w_i}\sum_{i=1}^{N}w_i^{\mathrm{T}}D_{ij}D_{ij}^{\mathrm{T}}w_i \tag{7.15}$$

对该优化问题可用拉格朗日乘子法进行求解。定义拉格朗日函数式(7.16)所示：

$$L\left(w_i\right)=\sum_{i=1}^{N}w_i^{\mathrm{T}}D_{ij}D_{ij}^{\mathrm{T}}w_i+\gamma\left(w_i^{\mathrm{T}}\tilde{I}_i-1\right) \tag{7.16}$$

其中，γ 为拉格朗日乘数，对 w_i 求偏导，如式(7.17)所示：

$$\frac{\partial L\left(w_i\right)}{\partial w_i} = \sum_{i=1}^{N} 2D_{ij}D_{ij}^{\mathrm{T}}w_i + \gamma \tilde{I}_i \tag{7.17}$$

令式(7.17)为 0，则可得

$$w_i = \left(D_{ij}D_{ij}^{\mathrm{T}}\right)^{-1}\tilde{I}_i \tag{7.18}$$

显然该结果并非稀疏解，拓扑图所有节点均存在连接关系，增加了计算复杂度。因此，又提出如下稀疏正则化公式：

$$\min_{w_i} \sum_{i=1}^{N} w_i^{\mathrm{T}} D_{ij}D_{ij}^{\mathrm{T}}w_i + \alpha \|w_i\|_1 \tag{7.19}$$

其中，α 为正则系数，通过引入正则，保证 w_i 尽可能稀疏，从而获得稀疏的拓扑图。由于 ℓ_1 正则项不可微，通过如下方法将其转化为 ℓ_2 正则的优化求解。

有不等式如式(7.20)所示：

$$|pq| \leqslant \frac{1}{2}\left(p^2 + q^2\right) \tag{7.20}$$

则将 w_i 代入式(7.20)所示的基本不等式定理，如式(7.21)所示：

$$|w_i| \leqslant \frac{1}{2}\left(\frac{w_i^2}{\beta_i} + \beta_i\right), \quad \beta_i > 0 \tag{7.21}$$

因此：

$$\|w_i\|_1 \leqslant \frac{1}{2}\left(w_i^{\mathrm{T}}\beta^{-1}w_i + \beta\right) \tag{7.22}$$

其中，当 $\beta \overset{\mathrm{def}}{=\!=} \mathrm{diag}\left(\beta_i\right)$ 时，β 为对角值为 β_i 的对角矩阵，当 $|w_i| = \beta_i$ 时，式(7.22)为等式。

因此，结合式(7.19)和式(7.22)，可获得优化目标如式(7.23)所示：

$$\min_{w_i} \sum_{i=1}^{N} w_i^{\mathrm{T}} D_{ij}D_{ij}^{\mathrm{T}}w_i + \alpha\left(w_i^{\mathrm{T}}\beta^{-1}w_i + \beta\right) \tag{7.23}$$

对该优化问题同样可用拉格朗日乘子法进行求解。定义拉格朗日函数如式(7.24)所示：

$$L(w_i) = \sum_{i=1}^{N} w_i^{\mathrm{T}} D_{ij} D_{ij}^{\mathrm{T}} w_i + \alpha \left(w_i^{\mathrm{T}} \beta^{-1} w_i + \beta \right) + \gamma \left(w_i^{\mathrm{T}} \tilde{I}_i - 1 \right) \tag{7.24}$$

对 w_i 求偏导, 有

$$\frac{\partial L(w_i)}{\partial w_i} = \sum_{i=1}^{N} 2 D_{ij} D_{ij}^{\mathrm{T}} w_i + 2\alpha\beta^{-1} w_i + \gamma \tilde{I}_i \tag{7.25}$$

令式(7.25)为 0, 则可得

$$w_i = \left(D_{ij} D_{ij}^{\mathrm{T}} + \alpha\beta^{-1} \right)^{-1} \tilde{I}_i \tag{7.26}$$

由于 β 未知, 求解该问题可通过多次迭代计算。初始给定任意 β 值, 将计算获得的 w_i 的对角阵形式 $\mathrm{diag}(w_i)$ 作为下一次迭代的初始值, 直到达到停止迭代条件。值得注意的是, 由于解的稀疏性, w_i 中的元素可能会出现 0, 所以逆对角矩阵 β^{-1} 要替换为广义逆矩阵 $\beta^{\dagger}$, 如式(7.27)所示:

$$w_i = \left(D_{ij} D_{ij}^{\mathrm{T}} + \alpha\beta^{\dagger} \right)^{-1} \tilde{I}_i \tag{7.27}$$

其中, $\dagger$ 表示广义逆。

获得数据的邻接矩阵 w 之后, 即可将其引入到图学习框架中, 降低现有图学习预测方法对近邻参数的依赖, 通过自适应获取的精确拓扑结构挖掘信息并实现对未标签节点的 RUL 预测。

定义度矩阵 $D = \mathrm{diag}\{d_i\}$, 其中, $d_i = \sum_{j=1}^{N} \dfrac{w_{ij} + w_{ji}}{2}$ 为节点 i 的度。由此可定义

图拉普拉斯矩阵 $L = D - \dfrac{w + w^{\mathrm{T}}}{2}$。显然该矩阵为实对称矩阵, 因此其有一组完全正交的特征矢量 $\mu = \{u_i\}$, 对应的特征值为 $e = \{\lambda_1, \lambda_2, \cdots, \lambda_N\}$, 其中 $\lambda_1 < \lambda_2 < \cdots < \lambda_N$。类比于传统的傅里叶变换, 特征矢量和特征值提供了图谱的概念, 因此定义图傅里叶变换如式(7.28)所示:

$$F(\lambda_i) = \sum_{t=1}^{N} f(t) u_i(t), \quad i = 1, 2, \cdots, N \tag{7.28}$$

图傅里叶逆变换如式(7.29)所示:

$$f(t) = \sum_{i=1}^{N} u_i(t) F(\lambda_i), \quad t = 1, 2, \cdots, N \tag{7.29}$$

其中，f为由节点值组成的图信号；F为图谱系数，即图谱域信号；λ为图频率。

对于一个图G，若其图信号f的傅里叶变换F只在图频率范围$[0,\omega)(\omega>0)$存在，则称其为带限图信号。将ω-带限图信号组成的空间定义为佩利-维纳空间，记为$\mathrm{PW}_\omega(G)$。对于$\mathrm{PW}_\omega(G)$空间中的任意图信号，可由一组特殊的节点子集，即独特集来重构[9]，相关定义、定理和证明如下。

定义 7.1(独特集)　如果对于$\mathrm{PW}_\omega(G)$空间中的任意两个信号f、g，它们在节点子集$\delta\subset v$中相等，也意味着它们在v中相等，那么称子集δ为$\mathrm{PW}_\omega(G)$空间下的一组独特集，即$\forall f,g\in\mathrm{PW}_\omega(G),f(\delta)=g(\delta)\Rightarrow f(v)=g(v)$。

由定义 7.1 可知，ω-带限图信号可由其独特集来确定，即只要确定了独特集，即可恢复完整的ω-带限图信号。而独特集可以通过其补集$\delta^c=v-\delta$找到。为此，需定义Λ子集。

定义 7.2(Λ子集)　对于子集$Q\subset v$中的任意信号ϕ, $\phi(v)=0$, $v\notin Q$，如果满足庞加莱不等式$\|\phi\|\leq\Lambda\|L\phi\|$, $\Lambda>0$，则称子集Q为Λ子集。

基于定义 7.2，可得定理 7.1。

定理 7.1　如果δ是$\mathrm{PW}_\omega(G)$空间下任意图信号f的独特集，其补集$\delta^c=v-\delta$是满足$0<\omega<1/\Lambda$的Λ子集，则f可由其独特集δ唯一确定地恢复。为此需要确定截止频率。

对于图G，给定其已知节点δ和未知节点δ^c，计算其拉普拉斯矩阵L。取矩阵L^2中仅包含未知节点δ^c的行与列，构成子矩阵$L^2(\delta^c)$。计算的$L^2(\delta^c)$特征值，取其最小值记为$\lambda_{\min}^2$。则已知节点δ是任意信号$f\in\mathrm{PW}_{\omega_c}(G)$的独特集，且$\omega_c=\lambda_{\min}$。

证明　对于满足定义 7.2 的信号ϕ，即$\phi=\begin{bmatrix}0(\delta)&\phi(\delta^c)\end{bmatrix}^T$，有

$$\frac{\|L\phi\|^2}{\|\phi\|^2}=\frac{\phi^T L^T L\phi}{\phi^T\phi}=\frac{\phi^T L^T(\delta^c)L(\delta^c)\phi}{\phi^T\phi} \tag{7.30}$$

计算$L^T(\delta^c)$的特征值λ_i和特征向量u_i($i=1,2,\cdots,n_1$)，其中n_1为特征值和特征向量的个数。由于ϕ处于这些特征值和特征向量定义的空间内，显然其可以由这些特征向量进行加权表示，如式(7.31)所示：

$$\phi=\sum_{i=1}^{n_1}a_i u_i \tag{7.31}$$

其中，a_i是特征向量的权重。由于特征向量两两正交，则式(7.30)可继续表示为

$$\frac{\phi^{\mathrm{T}}L^{\mathrm{T}}(\delta^{\mathrm{c}})L(\delta^{\mathrm{c}})\phi}{\phi^{\mathrm{T}}\phi}=\frac{\left(\sum\limits_{i=1}^{n_1}a_iL(\delta^{\mathrm{c}})u_i\right)^{\mathrm{T}}\left(\sum\limits_{i=1}^{n_1}a_iL(\delta^{\mathrm{c}})u_i\right)}{\sum\limits_{i=1}^{n_1}a_i^2\left\|u_i\right\|^2}=\frac{\left(\sum\limits_{i=1}^{n_1}a_i\lambda_iu_i\right)^{\mathrm{T}}\left(\sum\limits_{i=1}^{n_1}a_i\lambda_iu_i\right)}{\sum\limits_{i=1}^{n_1}a_i^2\left\|u_i\right\|^2}$$

$$\tag{7.32}$$

$$=\frac{\sum\limits_{i=1}^{n_1}\lambda_i^2a_i^2\left\|u_i\right\|^2}{\sum\limits_{i=1}^{n_1}a_i^2\left\|u_i\right\|^2}\geqslant\omega_{\mathrm{c}}^2$$

由式(7.32)可知 $\dfrac{\left\|L\phi\right\|^2}{\left\|\phi\right\|^2}$ 为各个特征值平方的加权平均，因此其范围为 $[\lambda_1^2,\lambda_{n_1}^2]$。为确保对所有 ϕ 都成立，则 ω_{c} 的最大值为 λ_1，因此有

$$\left\|\phi\right\|\leqslant\frac{1}{\lambda_1}\left\|L\phi\right\|\tag{7.33}$$

则所有频率成分小于 λ_1 的信号，都可以由已知节点值来预测。

取拉普拉斯矩阵 L 的特征向量 μ 中对应特征值小于 ω_{c} 的部分，记为 μ^*，则图学习框架可表示为

$$\begin{bmatrix}Y(\delta)\\Y(\delta^{\mathrm{c}})\end{bmatrix}=\begin{bmatrix}\mu^*(\delta)\\\mu^*(\delta^{\mathrm{c}})\end{bmatrix}F^*\tag{7.34}$$

其中，$Y=\{y_i\}(i=1,2,\cdots,N)$ 是寿命标签向量。

求解 $Y(\delta)=\mu^*(\delta)F^*$ 的最小方差解，可得

$$F^*=\left(\mu^*(\delta)^{\mathrm{T}}\mu^*(\delta)\right)^{-1}\mu^*(\delta)^{\mathrm{T}}Y(\delta)\tag{7.35}$$

则未知节点的寿命标签可估计为

$$\hat{Y}(\delta^{\mathrm{c}})=\mu^*(\delta^{\mathrm{c}})F^*\tag{7.36}$$

由此实现了 RUL 预测目标。从前述理论推导可知，ASGL 方法包含拉普拉斯矩阵的分解，因此适合小样本学习。

7.3　仿真及实验验证

7.3.1　仿真验证

为了直观验证本章所提 ASGL 方法的有效性和优越性，本节使用模式识别领域常用的双月仿真数据进行分析，共构造了 100 个数据点，其中前 40 个属于类别一，后 60 个属于类别二。同时将自适应稀疏构图方法与 k 近邻构图方法、LLE 构图方法、自适应邻域构图方法做对比。

图 7.14 展示了传统 k 近邻方法在不同邻域参数时的邻接矩阵与构图结果。由图 7.14(a)、(b)可知，节点 45 和节点 62 属于同类别且距离较近，本应保持连接关系，即二者邻接权重系数应为非零值，但参数过小导致邻接权重系数 $w_{45,62}=0$，由此得出错误的结果，即二者无连接。类似地，参数过小导致的错误连接节点如图中箭头所指位置。由图 7.14(c)、(d)可知，节点 1 和节点 72 不属于同类别，本应不连接，但二者的邻接权重系数 $w_{1,72}=8.59998$，这是由于参数过大导致过连接。由此可知，该方法严重依赖参数与数据的匹配程度，不利于正确表示数据结构。

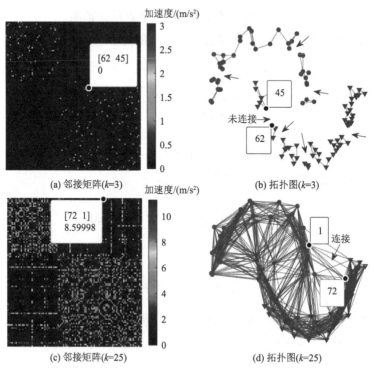

图 7.14　传统 k 近邻方法在不同邻域参数时的邻接矩阵与构图结果

图 7.15 展示了 LLE 方法的邻接矩阵与构图结果，由于该方法中的局部线性结构仍然通过近邻点确定，其构图结果与 k 近邻方法存在同样的不足。

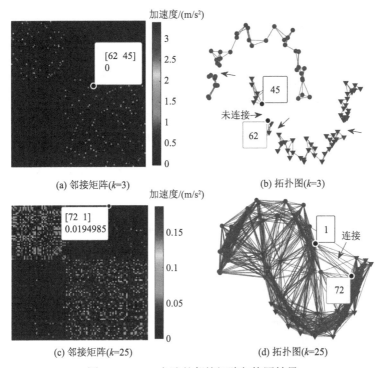

图 7.15　LLE 方法的邻接矩阵与构图结果

图 7.16 展示了自适应邻域方法的邻接矩阵与构图结果，按照文献[10]的介绍，该方法中的参数 α 同样通过近邻点数确定，分别选择与图 7.14 相同的 k，计算获得对应的 α。可以看出参数 α 对构图结果有类似 k 的影响。从这个角度而言，该方法并非"自适应"。另外，图中的空心圆圈表示节点的自环连接，表明该方法给每个节点自身也分配了一定的权重，这对一般的数据结构表示任务是没有意义的。

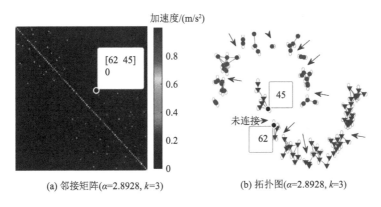

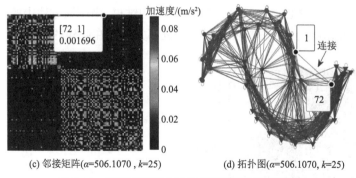

(c) 邻接矩阵(α=506.1070，k=25)　　　　(d) 拓扑图(α=506.1070，k=25)

图 7.16　自适应邻域方法的邻接矩阵与构图结果

　　图 7.17 展示了 ASGL 方法的邻接矩阵与构图结果，可以看出其对数据结构的表示最为准确。且在比较广泛的范围内，系数 α 的选取对构图结果基本无影响，即本章所提方法避免了对精确参数的需求，提高了适应性。另外，从图中也可看出，本章所提方法获得的图无节点的自环连接(归因于式(7.6)中改进的约束条件)，对数据结构的反应更为真实。

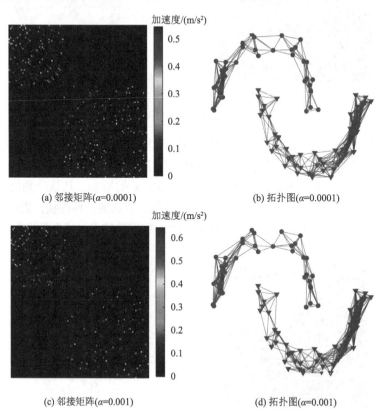

(a) 邻接矩阵(α=0.0001)　　　　(b) 拓扑图(α=0.0001)

(c) 邻接矩阵(α=0.001)　　　　(d) 拓扑图(α=0.001)

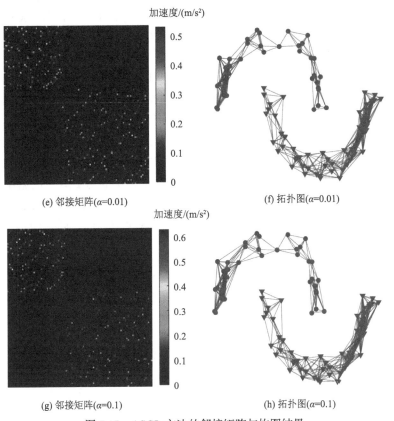

(e) 邻接矩阵($\alpha=0.01$) (f) 拓扑图($\alpha=0.01$)

(g) 邻接矩阵($\alpha=0.1$) (h) 拓扑图($\alpha=0.1$)

图 7.17 ASGL 方法的邻接矩阵与构图结果

7.3.2 实验验证

本节使用 7.1 节获得的滚动轴承性能退化数据展开分析。为了定量评估预测性能，引用三种常见的评估指标，即 RMSE、评分函数(SCORE)、累积精度(cumulative accuracy，CA)，这些指标具体计算如式(7.37)~式(7.39)所示[13,14]：

$$\text{RMSE} = \sqrt{\frac{1}{T}\sum_{t=1}^{T}(E(t))^2} \tag{7.37}$$

$$\text{SCORE} = \sum_{t=1}^{T}\left(e^{-\frac{E(t)}{13}}-1\right)((E(t))<0) + \left(e^{\frac{E(t)}{10}}-1\right)((E(t))\geqslant 0) \tag{7.38}$$

$$\text{CA} = \sum_{t=1}^{T}\left(1-\frac{|E(t)|}{\text{ReaRUL}(t)}\right) \tag{7.39}$$

其中，误差 $E(t)=\text{PreRUL}(t)-\text{ReaRUL}(t)$，$\text{PreRUL}(t)$ 表示 t 时刻的预测 RUL；$\text{ReaRUL}(t)$ 表示 t 时刻的真实 RUL。RMSE 和 SCORE 指标越小表明预测精度越高，CA 越大表明预测精度越高。

　　首先使用 ASGL 方法分析所建立的性能退化字典应用于滚动轴承 RUL 预测的有效性，与仅基于历史实验数据的实验字典做比较，如图 7.18 和表 7.2 所示。可以看出使用本章所建立的性能退化字典作为训练样本进行预测，能获得精度较高的 RUL 估计值。这是因为仿真的性能退化字典包含较为丰富的退化序列，其中必然存在与测试样本较为相似的退化数据，所以预测模型能充分利用历史样本信息并给出可靠的 RUL 估计。而单独使用少数几个轴承的历史退化数据作为参考，预测方法难以从已有数据中学习到充足的信息，因此其预测精度较低。由此验证了性能退化字典应用于滚动轴承 RUL 预测的优越性。本章后续所有的分析与对比均基于所建立的性能退化字典。

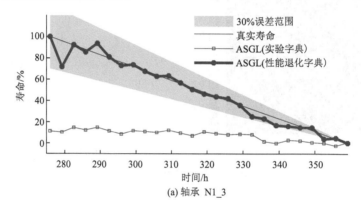

(a) 轴承 N1_3

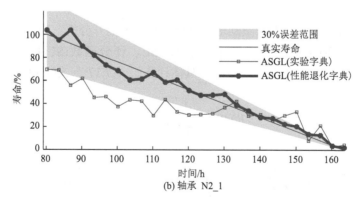

(b) 轴承 N2_1

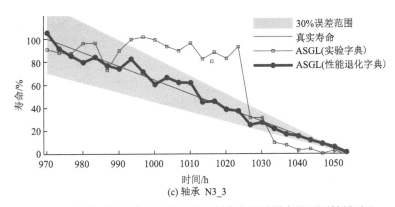

(c) 轴承 N3_3

图 7.18　性能退化字典与实验字典分别作为训练样本的预测结果对比

表 7.2　使用不同训练字典预测结果的评估指标对比

轴承	RMSE/h		SCORE		CA	
	实验字典	性能退化字典	实验字典	性能退化字典	实验字典	性能退化字典
N1_3	0.4974	0.0588	0.8723	0.0721	0.1107	0.8964
N2_1	0.2227	0.0492	0.3834	0.0898	0.6000	0.8944
N3_3	0.2536	0.0467	0.4975	0.0846	0.4961	0.9079

随后分析构图参数对预测结果的影响，使用图插值学习(graph interpolation learning，GIL)方法[8]进行对比分析，该方法使用 k 近邻策略构图并预测。改变不同的近邻点数，获得的预测结果如图 7.19 所示。可以看出，由于 GIL 方法的近邻点数不同生成的图结构不同，对预测结果具有显著影响。此案例中较为合适的近邻点数较低，随着近邻点数的增大，由于图结构与实际不符，预测精度相应降低。而 ASGL 方法整体的预测精度均高于 GIL 方法，如表 7.3 所示。ASGL 方法不需要设置近邻点数，且正则系数 α 在较宽松的范围内对预测精度无显著影响。因此，ASGL 方法的适应性更好。

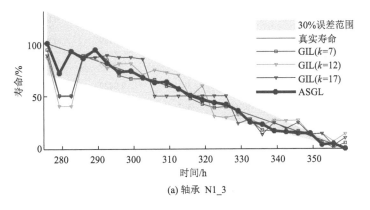

(a) 轴承 N1_3

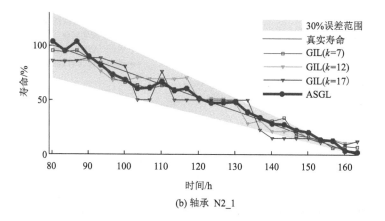

(b) 轴承 N2_1

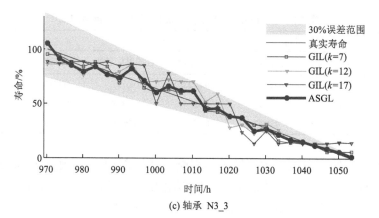

(c) 轴承 N3_3

图 7.19　构图参数对预测结果影响对比

表 7.3　使用不同构图参数预测结果的评估指标对比

轴承	指标	GIL			ASGL		
		$k=7$	$k=12$	$k=17$	$\alpha=0.0001$	$\alpha=0.001$	$\alpha=0.01$
N1_3	RMSE/h	0.1289	0.1682	0.1490	0.0521	0.0588	0.0497
	SCORE	0.1450	0.2407	0.2277	0.0823	0.0721	0.0774
	CA	0.8401	0.7498	0.7777	0.8769	0.8964	0.8865
N2_1	RMSE/h	0.0509	0.0732	0.0968	0.0420	0.0492	0.0486
	SCORE	0.0882	0.1411	0.1807	0.0829	0.0898	0.0878
	CA	0.8789	0.7990	0.7645	0.8906	0.8944	0.8884
N3_3	RMSE/h	0.0504	0.0949	0.0998	0.0468	0.0467	0.0396
	SCORE	0.0937	0.1924	0.1964	0.0780	0.0846	0.0714
	CA	0.8885	0.7236	0.7022	0.9046	0.9079	0.9311

图 7.20 展示了 ASGL 方法在三个测试轴承的连续预测结果，同时与其他三种最新方法做对比，即 TVKF、时间卷积网络(time convolutional network, TCNet)[15]、深度长短期记忆(deep long short-term memory, DeepLSTM)网络[16]。对比方法均需要设置较多的参数，如 TVKF 中的模型参数、滤波参数，TCNet 和 DeepLSTM 中的网络参数、训练参数等，因此这些方法的适应性和泛化能力理论上是比较低的。为了保证对比的公平性，参数设置原则与文献中保持一致。另外，为了保证预测结果的稳定性，将训练数据对应的 RUL 标签做了归一化处理，以%表示。从图中可以看出，ASGL 方法整体的预测结果平滑，且与真实寿命非常接近，给出了比其他方法预测误差普遍较小的 RUL 估计值，如表 7.4 所示。综合分析，ASGL 方法无须设置大量模型参数，适应性更强。

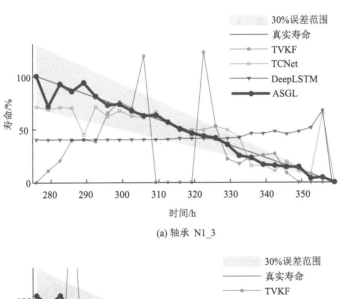

(a) 轴承 N1_3

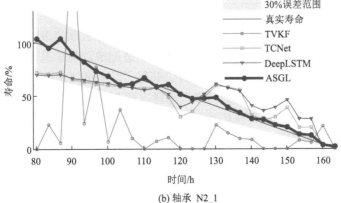

(b) 轴承 N2_1

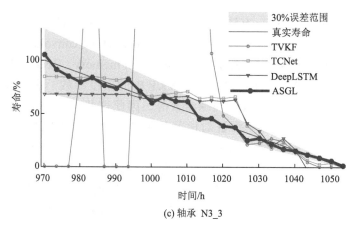

(c) 轴承 N3_3

图 7.20 不同预测方法预测结果对比

表 7.4 不同预测方法的评估指标对比

轴承	指标	TVKF	TCNet	DeepLSTM	ASGL
N1_3	RMSE/h	0.4387	0.1842	0.3372	0.0588
	SCORE	0.6994	0.2761	0.6440	0.0721
	CA	0.3549	0.1942	−0.4234	0.8964
N2_1	RMSE/h	0.5125	0.1600	0.1758	0.0492
	SCORE	0.8773	0.3051	0.3622	0.0898
	CA	0.0788	0.6247	0.4631	0.8944
N3_3	RMSE/h	0.9927	0.1189	0.1614	0.0467
	SCORE	1.7942	0.2169	0.3056	0.0846
	CA	−0.2309	0.7724	0.4771	0.9079

　　本章提出一种新的基于性能退化字典的 ASGL 方法预测滚动轴承 RUL。针对全寿命周期性能退化数据不足的难点,建立了适配滚动轴承退化规律的扩展指数模型及扩展线性分段模型性能退化字典,获得了涵盖各类退化行为的仿真训练数据。分析结果表明使用所建立的仿真训练样本预测轴承 RUL,比单独使用不足以覆盖更多退化行为的实验训练样本具有更高的精度。针对传统预测方法模型复杂、参数调节对预测精度影响较大的难点,提出改进的 ASGL 方法,设计了新的图学习优化目标函数,引入稀疏正则化方法,弱化对精确模型参数的依赖,避免了由参数调适导致模型适应性低的问题,自适应地获得正确反映数据结构的拓扑图网络,实现了滚动轴承 RUL 的精确预测。仿真数据分析结果表明本章所提方法能正确获取数据的邻接关系,避免了参数不合适导致的邻接关系不准确。全寿命周期

性能退化实验数据分析结果，以及与其他最新预测方法的对比结果均表明本章所提方法具有更高的预测精度与适应性。

参 考 文 献

[1] Hilbert D. Über die stetige abbildung einer line auf ein flächenstück[J]. Mathematische Annalen, 1891, 38(3): 459-460.

[2] Haralick R M, Shanmugam K, Dinstein I. Textural features for image classification[J]. IEEE Transactions on Systems, Man, and Cybernetics, 1973, SMC-3(6): 610-621.

[3] Lin H, Sheng H, Sun G X, et al. Identification of pumpkin powdery mildew based on image processing PCA and machine learning[J]. Multimedia Tools and Applications, 2021, 80(14): 21085-21099.

[4] Wang X, Cui L L, Wang H Q, et al. A generalized health indicator for performance degradation assessment of rolling element bearings based on graph spectrum reconstruction and spectrum characterization[J]. Measurement, 2021, 176: 109165.

[5] Ng A Y, Jordan M I, Weiss Y. On spectral clustering: Analysis and an algorithm[C]. The 15th Annual Conference on Neural Information Processing Systems, Vancouver, 2002: 1-8.

[6] Tiwari P, Upadhyay S H. Advance spectral approach for condition evaluation of rolling element bearings[J]. ISA Transactions, 2020, 103: 366-389.

[7] Roweis S T, Saul L K. Nonlinear dimensionality reduction by locally linear embedding[J]. Science, 2000, 290(5500): 2323-2326.

[8] Ma M, Chen X F, Zhang X L, et al. Locally linear embedding on Grassmann manifold for performance degradation assessment of bearings[J]. IEEE Transactions on Reliability, 2017, 66(2): 467-477.

[9] Narang S K, Gadde A, Ortega A. Signal processing techniques for interpolation in graph structured data[C]. IEEE International Conference On Acoustics, Speech and Signal Processing, Vancouver, 2013: 5445-5449.

[10] Nie F P, Wang X Q, Huang H. Clustering and projected clustering with adaptive neighbors[C]. Proceedings of the 20th ACM SIGKDD International Conference on Knowledge Discovery and Data Mining, New York, 2014: 977-986.

[11] Kang Z, Peng C, Cheng Q, et al. Structured graph learning for clustering and semi-supervised classification[J]. Pattern Recognition, 2021, 110: 107627.

[12] Zhang Z, Li F Z, Jia L, et al. Robust adaptive embedded label propagation with weight learning for inductive classification[J]. IEEE Transactions on Neural Networks and Learning Systems, 2018, 29(8): 3388-3403.

[13] Wang B, Lei Y G, Li N P, et al. A hybrid prognostics approach for estimating remaining useful life of rolling element bearings[J]. IEEE Transactions on Reliability, 2020, 69(1): 401-412.

[14] Mao W T, He J L, Zuo M J. Predicting remaining useful life of rolling bearings based on deep feature representation and transfer learning[J]. IEEE Transactions on Instrumentation and

Measurement, 2020, 69(4): 1594-1608.

[15] Cao Y D, Ding Y F, Jia M P, et al. A novel temporal convolutional network with residual self-attention mechanism for remaining useful life prediction of rolling bearings[J]. Reliability Engineering & System Safety, 2021, 215: 107813.

[16] Xia M, Zheng X, Imran M, et al. Data-driven prognosis method using hybrid deep recurrent neural network[J]. Applied Soft Computing, 2020, 93: 106351.

第8章 基于机理-数据协同驱动双路径深度学习预测方法

本章提出一种新的基于机理-数据协同驱动双路径深度学习预测方法。在机理驱动路径中，构建可扩展的线性-非线性两阶段复合模型表征多种退化行为，明晰个体退化演变规律。在数据驱动路径中，训练长短期记忆网络跟踪退化过程，学习大样本退化行为知识。以新建立的动态匹配指标联合模型驱动与数据驱动两条路径，通过隐含层状态的实时匹配，实现信息的交互融合及寿命预测。

8.1 退化模型与预测网络

本节提出基于机理-数据协同驱动双路径深度学习的 RUL 预测方法。考虑到内部个体差异性与外部工况时变性导致的退化行为多样性，构建了可扩展的线性-非线性两阶段模型，通过改变模型参数生成完备的模拟性能退化数据，以描述不同的退化趋势。随后使用各组不同退化数据训练相应的长短期记忆(long short term memory，LSTM)网络，获得大量的预训练数据驱动网络。最后将测试数据与预训练网络进行联合动态匹配，筛选出最佳预测网络并实现 RUL 预测。

8.1.1 性能退化模型构建

由于机械零部件内部个体差异性与外部工况的时变性，任意单一个体的退化行为都具有独立的演变特征。显然如果数据驱动的训练样本不足以涵盖广泛的退化过程，则获得的预测模型往往不具备较好的泛化性能，导致预测精度较低。为了弥补实际中运行到失效状态监测数据不足的问题，本节构建可扩展的线性-非线性两阶段模型，生成完备的模拟性能退化数据。

滚动轴承的典型退化趋势为先缓慢线性退化，随后振动幅值突然迅速增加，发生急剧非线性退化。对该退化过程建立可扩展的线性-非线性两阶段模型，如图 8.1 所示，计算公式如式(8.1)所示：

$$D(t) = \begin{cases} \dfrac{b-a}{\tau}t + a, & t \in [0,\tau) \\ \dfrac{c-b}{(1-\tau)^2}(t-\tau)^2 + b, & t \in [\tau,1] \end{cases} \tag{8.1}$$

$$0 \leqslant a < 1,\ a < b < 1,\ b < c \leqslant 1,\ 0 < \tau < 1$$

其中，D 是退化指标值；t 是时间；τ 是线性阶段和非线性阶段的转折时刻；a 是线性阶段的初始值；b 是线性阶段的结束值(或非线性阶段的初始值)；c 是非线性阶段的结束值。通过改变参数 a、b、c、τ 的具体数值，即可获得一系列的演变趋势线，如图 8.2 所示。另外值得注意的是，当参数 τ 接近 0 或者 1 时，退化曲线可近似等效为单阶段模型。因此所建立的性能退化模型可覆盖大量的退化演变过程，具有普遍的适用性。

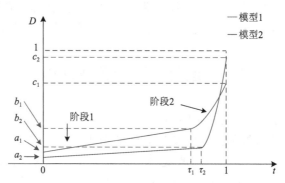

图 8.1　可扩展的线性-非线性两阶段模型构造示意图

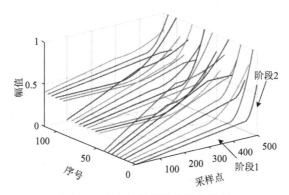

图 8.2　完备的模拟性能退化数据

8.1.2　LSTM 网络训练

为了表示退化序列与 RUL 的映射关系，本节使用 LSTM 网络[1]学习 2.4 节生成的各个退化序列的演变信息，构建与之相对应的预训练网络模型。

LSTM 网络可处理数据的长期依赖特性，具有优良的序列处理能力，其典型的网络结构如图 8.3 所示。它是传统 RNN 的变种，在一些关键位置增加了门控单元。当前时刻 t 输入到网络的序列为 x_t，序列片段的时间长度记为 w。上一时刻 t–1 隐含层 m 个节点序列记为 $h_{t-1} \in \mathbf{R}^m$。计算输入单元状态如式(8.2)所示：

$$g_t = \tanh(W_{gx}x_t + W_{gh}h_{t-1} + b_g) \tag{8.2}$$

其中，W_{gx} 是对应 x_t 的权重；W_{gh} 是对应 h_{t-1} 的权重；b_g 是偏置项；tanh 是激活函数，计算如式(8.3)所示：

$$\tanh(z) = \frac{e^z - e^{-z}}{e^z + e^{-z}} \tag{8.3}$$

对其求导有

$$\tanh'(z) = 1 - \tanh(z)^2 \tag{8.4}$$

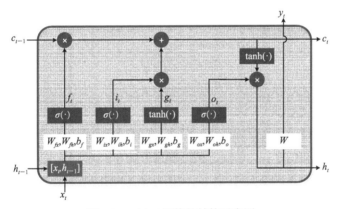

图 8.3　LSTM 网络的结构示意图

计算如下门控单元。

遗忘门如式(8.5)所示：

$$f_t = \sigma(W_{fx}x_t + W_{fh}h_{t-1} + b_f) \tag{8.5}$$

输入门如式(8.6)所示：

$$i_t = \sigma(W_{ix}x_t + W_{ih}h_{t-1} + b_i) \tag{8.6}$$

输出门如式(8.7)所示：

$$o_t = \sigma(W_{ox}x_t + W_{oh}h_{t-1} + b_o) \tag{8.7}$$

其中，W_{fx}、W_{fh}、W_{ix}、W_{ih}、W_{ox}、W_{oh} 分别是相应门控单元的权重；b_f、b_i、b_o 是偏置项。

门实际上是一层全连接层，其值为 0～1 的向量，按元素控制数据。σ 是 sigmoid 激活函数，计算如式(8.8)所示：

$$\sigma(z) = \frac{1}{1+\mathrm{e}^{-z}} \tag{8.8}$$

对其求导有

$$\sigma'(z) = \sigma(z)(1-\sigma(z)) \tag{8.9}$$

LSTM 网络除了沿序列时间方向传输隐含层状态，还增加了新的记忆单元状态的传输，将其记为 $c_t \in \mathbf{R}^{w+m}$。计算记忆单元状态如式(8.10)所示：

$$c_t = f_t \odot c_{t-1} + i_t \odot g_t \tag{8.10}$$

其中，$\odot$ 表示按元素乘积。

计算隐含层状态如式(8.11)所示：

$$h_t = o_t \odot \tanh(c_t) \tag{8.11}$$

则网络的输出如式(8.12)所示：

$$y_t = Wh_t \tag{8.12}$$

其中，W 是输出层权重；y_t 是输出值，本书中为与 x_t 对应的 RUL 预测值。

通过梯度下降及误差沿时间反向传播算法更新模型参数，即可获得训练好的网络模型。需要更新的参数为 W_{fx}、W_{fh}、W_{ix}、W_{ih}、W_{ox}、W_{oh}、W_{gx}、W_{gh}、b_f、b_i、b_o、b_g 及 W。LSTM 网络的训练过程具体介绍如下。

定义损失函数如式(8.13)所示：

$$E_t = \frac{1}{2}(y_t - r_t)^2 \tag{8.13}$$

其中，r_t 是与 x_t 对应的 RUL 标签值。

定义误差项 δ 如式(8.14)和式(8.15)所示：

$$\delta_{y_t} = \frac{\partial E_t}{\partial y_t} = y_t - r_t \tag{8.14}$$

$$\delta_{h_t} = \frac{\partial E_t}{\partial h_t} = \frac{\partial E_t}{\partial y_t} \frac{\partial y_t}{\partial h_t} = \delta_{y_t} W \tag{8.15}$$

定义式(8.2)和式(8.5)~式(8.7)的激活函数内部输入如式(8.16)~式(8.19)所示:

$$\text{net}_{g_t} = W_{gx} x_t + W_{gh} h_{t-1} + b_g \tag{8.16}$$

$$\text{net}_{f_t} = W_{fx} x_t + W_{fh} h_{t-1} + b_f \tag{8.17}$$

$$\text{net}_{i_t} = W_{ix} x_t + W_{ih} h_{t-1} + b_i \tag{8.18}$$

$$\text{net}_{o_t} = W_{ox} x_t + W_{oh} h_{t-1} + b_o \tag{8.19}$$

则式(8.2)和式(8.5)~式(8.7)可重新表示,如式(8.20)~式(8.23)所示:

$$g_t = \tanh(\text{net}_{g_t}) \tag{8.20}$$

$$f_t = \sigma(\text{net}_{f_t}) \tag{8.21}$$

$$i_t = \sigma(\text{net}_{i_t}) \tag{8.22}$$

$$o_t = \sigma(\text{net}_{o_t}) \tag{8.23}$$

可定义各部分误差并计算如式(8.24)~式(8.27)所示:

$$\delta_{g,t} = \frac{\partial E_t}{\partial \text{net}_{g_t}} = \frac{\partial E_t}{\partial h_t} \frac{\partial h_t}{\partial \text{net}_{g_t}} = \delta_{h_t} \frac{\partial h_t}{\partial g_t} \frac{\partial g_t}{\partial \text{net}_{g_t}} = \delta_{h_t} \frac{\partial h_t}{\partial c_t} \frac{\partial c_t}{\partial g_t} \frac{\partial g_t}{\partial \text{net}_{g_t}}$$
$$= \delta_{h_t} \odot o_t \odot \left(1 - \tanh(c_t)^2\right) \odot i_t \odot \left(1 - g_t^2\right) \tag{8.24}$$

$$\delta_{f,t} = \frac{\partial E_t}{\partial \text{net}_{f_t}} = \frac{\partial E_t}{\partial h_t} \frac{\partial h_t}{\partial \text{net}_{f_t}} = \delta_{h_t} \frac{\partial h_t}{\partial f_t} \frac{\partial f_t}{\partial \text{net}_{f_t}} = \delta_{h_t} \frac{\partial h_t}{\partial c_t} \frac{\partial c_t}{\partial f_t} \frac{\partial f_t}{\partial \text{net}_{f_t}}$$
$$= \delta_{h_t} \odot o_t \odot \left(1 - \tanh(c_t)^2\right) \odot f_t \odot \left(1 - f_t\right) \tag{8.25}$$

$$\delta_{i,t} = \frac{\partial E_t}{\partial \text{net}_{i_t}} = \frac{\partial E_t}{\partial h_t} \frac{\partial h_t}{\partial \text{net}_{i_t}} = \delta_{h_t} \frac{\partial h_t}{\partial i_t} \frac{\partial i_t}{\partial \text{net}_{i_t}} = \delta_{h_t} \frac{\partial h_t}{\partial c_t} \frac{\partial c_t}{\partial i_t} \frac{\partial i_t}{\partial \text{net}_{i_t}}$$
$$= \delta_{h_t} \odot o_t \odot \left(1 - \tanh(c_t)^2\right) \odot i_t \odot \left(1 - i_t\right) \tag{8.26}$$

$$\delta_{o,t} = \frac{\partial E_t}{\partial \mathrm{net}_{o_t}} = \frac{\partial E_t}{\partial h_t} \frac{\partial h_t}{\partial \mathrm{net}_{o_t}} = \delta_{h_t} \frac{\partial h_t}{\partial o_t} \frac{\partial o_t}{\partial \mathrm{net}_{o_t}}$$
$$= \delta_{h_t} \odot \tanh\left(c_t\right) \odot o_t \odot \left(1 - o_t\right) \tag{8.27}$$

至此可进行权重梯度的更新。各时刻梯度计算如式(8.28)~式(8.40)所示:

$$\frac{\partial E_t}{\partial W_{gh}, t} = \frac{\partial E_t}{\partial \mathrm{net}_{g_t}} \frac{\partial \mathrm{net}_{g_t}}{\partial W_{gh}, t} = \delta_{g,t} h_{t-1} \tag{8.28}$$

$$\frac{\partial E_t}{\partial W_{fh}, t} = \frac{\partial E_t}{\partial \mathrm{net}_{f_t}} \frac{\partial \mathrm{net}_{f_t}}{\partial W_{fh}, t} = \delta_{f,t} h_{t-1} \tag{8.29}$$

$$\frac{\partial E_t}{\partial W_{ih}, t} = \frac{\partial E_t}{\partial \mathrm{net}_{i_t}} \frac{\partial \mathrm{net}_{i_t}}{\partial W_{ih}, t} = \delta_{i,t} h_{t-1} \tag{8.30}$$

$$\frac{\partial E_t}{\partial W_{oh}, t} = \frac{\partial E_t}{\partial \mathrm{net}_{o_t}} \frac{\partial \mathrm{net}_{o_t}}{\partial W_{oh}, t} = \delta_{o,t} h_{t-1} \tag{8.31}$$

$$\frac{\partial E_t}{\partial W_{gx}, t} = \frac{\partial E_t}{\partial \mathrm{net}_{g_t}} \frac{\partial \mathrm{net}_{g_t}}{\partial W_{gx}, t} = \delta_{g,t} x_t \tag{8.32}$$

$$\frac{\partial E_t}{\partial W_{fx}, t} = \frac{\partial E_t}{\partial \mathrm{net}_{f_t}} \frac{\partial \mathrm{net}_{f_t}}{\partial W_{fx}, t} = \delta_{f,t} x_t \tag{8.33}$$

$$\frac{\partial E_t}{\partial W_{ix}, t} = \frac{\partial E_t}{\partial \mathrm{net}_{i_t}} \frac{\partial \mathrm{net}_{i_t}}{\partial W_{ix}, t} = \delta_{i,t} x_t \tag{8.34}$$

$$\frac{\partial E_t}{\partial W_{ox}, t} = \frac{\partial E_t}{\partial \mathrm{net}_{o_t}} \frac{\partial \mathrm{net}_{o_t}}{\partial W_{ox}, t} = \delta_{o,t} x_t \tag{8.35}$$

$$\frac{\partial E_t}{\partial W, t} = \frac{\partial E_t}{\partial y_t} \frac{\partial y_t}{\partial W, t} = \delta_{y_t} h_t \tag{8.36}$$

$$\frac{\partial E_t}{\partial b_g, t} = \frac{\partial E_t}{\partial \mathrm{net}_{g_t}} \frac{\partial \mathrm{net}_{g_t}}{\partial b_g, t} = \delta_{g,t} \tag{8.37}$$

$$\frac{\partial E_t}{\partial b_f, t} = \frac{\partial E_t}{\partial \mathrm{net}_{f_t}} \frac{\partial \mathrm{net}_{f_t}}{\partial b_f, t} = \delta_{f,t} \tag{8.38}$$

$$\frac{\partial E_t}{\partial b_i, t} = \frac{\partial E_t}{\partial \mathrm{net}_{i_t}} \frac{\partial \mathrm{net}_{i_t}}{\partial b_i, t} = \delta_{i,t} \tag{8.39}$$

$$\frac{\partial E_t}{\partial b_o, t} = \frac{\partial E_t}{\partial \mathrm{net}_{o_t}} \frac{\partial \mathrm{net}_{o_t}}{\partial b_o, t} = \delta_{o,t} \tag{8.40}$$

则最终的梯度是各时刻梯度的和，如式(8.41)～式(8.52)所示：

$$\frac{\partial E_t}{\partial W_{gh}} = \sum_{j=1}^{t} \delta_{g,j} h_{j-1} \tag{8.41}$$

$$\frac{\partial E_t}{\partial W_{fh}} = \sum_{j=1}^{t} \delta_{f,j} h_{j-1} \tag{8.42}$$

$$\frac{\partial E_t}{\partial W_{ih}} = \sum_{j=1}^{t} \delta_{i,j} h_{j-1} \tag{8.43}$$

$$\frac{\partial E_t}{\partial W_{oh}} = \sum_{j=1}^{t} \delta_{o,j} h_{j-1} \tag{8.44}$$

$$\frac{\partial E_t}{\partial W_{gx}} = \sum_{j=1}^{t} \delta_{g,j} x_t \tag{8.45}$$

$$\frac{\partial E_t}{\partial W_{fx}} = \sum_{j=1}^{t} \delta_{f,j} x_t \tag{8.46}$$

$$\frac{\partial E_t}{\partial W_{ix}} = \sum_{j=1}^{t} \delta_{i,j} x_t \tag{8.47}$$

$$\frac{\partial E_t}{\partial W_{ox}} = \sum_{j=1}^{t} \delta_{o,j} x_t \tag{8.48}$$

$$\frac{\partial E_t}{\partial b_g} = \sum_{j=1}^{t} \delta_{g,j} \tag{8.49}$$

$$\frac{\partial E_t}{\partial b_f} = \sum_{j=1}^{t} \delta_{f,j} \tag{8.50}$$

$$\frac{\partial E_t}{\partial b_i} = \sum_{j=1}^{t} \delta_{i,j} \tag{8.51}$$

$$\frac{\partial E_t}{\partial b_o} = \sum_{j=1}^{t} \delta_{o,j} \tag{8.52}$$

将式(8.24)～式(8.27)代入式(8.41)～式(8.52)，即可获得各模型参数拟更新的梯度。至此完成了网络训练过程中参数梯度的更新，通过不断迭代，即可获得训练好的网络模型。

　　设通过所建立的性能退化模型生成了 N 组退化数据，则可训练获得 N 个预测网络，表示如式(8.53)所示：

$$^{n}y_t = \,^{n}F(\,^{n}x_t), \quad n = 1, 2, \cdots, N \tag{8.53}$$

其中，$F(\cdot)$ 表示训练好的预测网络；n 表示退化模型的编号。

　　通过网格搜索方式寻找最佳模型参数，使用第一组退化数据训练网络模型的结果，如图 8.4 所示。定义预测误差 $e(t)=\mathrm{PreRUL}(t)-\mathrm{ReaRUL}(t)$，其中，$\mathrm{PreRUL}(t)$ 表示 t 时刻的预测 RUL，$\mathrm{ReaRUL}(t)$ 表示 t 时刻的真实 RUL。从图中可以看出，训练模型很快收敛，最终的预测 RUL 与真实 RUL 非常接近，表明模型训练良好。

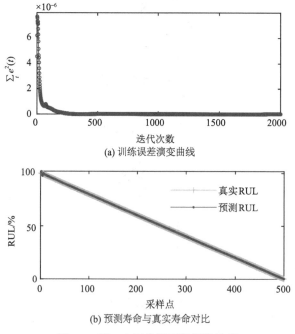

(a) 训练误差演变曲线

(b) 预测寿命与真实寿命对比

图 8.4　第一个网络模型的训练结果

8.2　深度学习寿命预测方法

现有的数据驱动方法一般仅训练出一个整体的网络模型。对寿命预测的大容量性能退化数据而言，同一个状态监测值可能对应多个 RUL 标签，如果将所有大容量训练数据同时输入唯一的模型进行训练，反而会导致模型学习混乱。数据不平衡、数据来源多样等问题，导致获得的模型泛化性能差，预测精度低。本节结合 8.1.1 节的退化模型和 8.1.2 节的数据驱动网络，提出一种新的基于机理-数据协同驱动双路径深度学习寿命预测方法。

将当前时刻 t 的测试数据 x_t' 依次输入每个预训练网络中，获得与之相对应的隐含层状态 ${}^n h_t'$（$n=1,2,\cdots,N$）。显然如果测试数据与某个预训练网络相匹配，则由其计算获得的隐含层状态应当与预训练的隐含层状态 ${}^n h_t$ 相同或相似。因此，定义动态匹配指标(dynamic matching index，DMI)如式(8.54)所示：

$$ {}^n\mathrm{DMI}_t = \left\| {}^n h_t' - {}^n h_t \right\|_2, \quad n=1,2,\cdots,N \tag{8.54} $$

其中，$\| \cdot \|_2$ 表示 ℓ_2 范数。

优化的目标定义如式(8.55)所示：

$$ n_t^* = \arg\min_n {}^n\mathrm{DMI}_t, \quad n=1,2,\cdots,N \tag{8.55} $$

最后，使用第 n_t^* 个模型对应的预训练网络进行预测，作为当前时刻 t 对应测试数据的 RUL 估计值，计算如式(8.56)所示：

$$ y_t' = {}^{n_t^*}F(x_t') \tag{8.56} $$

由此实现了机理-数据协同驱动双路径深度学习预测，降低了内部个体差异性与外部工况时变性对预测方法的影响，提高了预测精度[2]。

此外，为了定量评估预测性能，引用四种常见的评估指标，即 CRA、RMSE、MRE、MAE，这些指标具体计算如式(8.57)~式(8.60)所示[3-5]：

$$ \mathrm{CRA} = \frac{1}{T} \sum_{t=1}^{T} \left(1 - \frac{|e(t)|}{\mathrm{ReaRUL}(t)} \right) \tag{8.57} $$

$$ \mathrm{RMSE} = \sqrt{\frac{1}{T} \sum_{t=1}^{T} e^2(t)} \tag{8.58} $$

$$\text{MRE} = \frac{1}{T} \sum_{t=1}^{T} \left(\frac{|e(t)|}{\text{ReaRUL}(t)} \right) \tag{8.59}$$

$$\text{MAE} = \frac{1}{T} \sum_{t=1}^{T} (|e(t)|) \tag{8.60}$$

由定义可知, RMSE、MRE 和 MAE 指标越小表明预测精度越高, CRA 越大表明预测精度越高。

8.3　实　验　验　证

8.3.1　实验验证一

1. 性能退化数据

本节使用 2.4.2 节的实验数据进行分析。提取原始状态监测数据的均方根值, 并经 sigmoid 激活函数归一化, 作为性能退化指标。图 8.5 展示了前述 3 个轴承退化后期的特征演变曲线。从图中可以看出, 即使运行工况相同, 轴承型号相同, 不同轴承健康状态及最终失效时刻的特征幅值水平也不同, 且退化演变行为也存在较大差异。若仅使用单一的机理驱动预测方法, 或者仅应用这些少量样本进行数据驱动预测, 对预测精度的提升是个较大的挑战。下面将通过对比分析, 验证基于机理-数据协同驱动双路径深度学习预测方法的优越性。

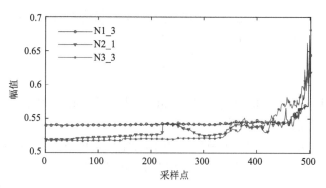

图 8.5　轴承退化后期特征演变曲线

2. 验证分析

使用 8.1.1 节构建的性能退化模型, 生成了 1260 组性能退化数据, 并应用 8.1.2 节方法训练了 1260 个数据驱动预测网络。事实上, 模型的数量可根据实际需要任意更改, 这也体现了机理-数据协同驱动策略的灵活性。不过训练大量模型的时间成本较高，这也是该方法的固有不足。随后，使用测试数据与预训练网络进行联合动态匹配，图 8.6 展示了测试轴承 N1_3 第 1 个预测时刻各网络模型动态匹配指标。图中局部放大图的圆圈标记位置为与当前测试数据最为匹配的网络模型序号，随后将当前时刻的测试数据输入该模型，即可获得对应的 RUL 预测值。后续所有时刻都可重复进行该操作，即可获得连续的 RUL 预测结果。

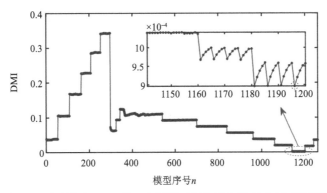

图 8.6　测试轴承 N1_3 第 1 个预测时刻各网络模型动态匹配指标

图 8.7 展示了不同滚动轴承 RUL 预测结果。从图中可以看出，本章所提方法对每个轴承的预测结果都与真实 RUL 非常接近，精度较高。其综合机理驱动的样本多样性和数据驱动的高可靠性获得了优异的预测结果。

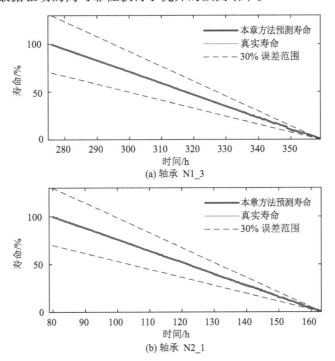

(a) 轴承 N1_3

(b) 轴承 N2_1

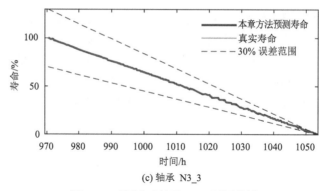

(c) 轴承 N3_3

图 8.7　不同滚动轴承 RUL 预测结果

为了进一步验证本章所提方法的优越性，将其与一些最先进的预测方法进行比较，如 SVM-HDTM[6]、APM[7]、WPHM[8]、HG-RNN[9]。值得注意的是，这些方法的 RUL 标签单位并不统一，有些是标准化的，有些以天为单位，有些以小时为单位。为了便于比较，根据实际情况进行统一处理。表 8.1 中的预测评价指标具体显示了本章所提方法的高预测精度。从表 8.1 可以看出，对于每个实验轴承，本章所提方法的 RMSE、MRE 和 MAE 评估指标具有显著的最低值，CRA 指标具有显著的最高值。这表明本章所提方法具有良好的预测性能。此外，对比方法没有分析所有轴承，而本章所提方法分析了所有轴承。因此，本章所提方法的有效性和优越性得到了充分的验证。

表 8.1　不同预测方法的评价指标对比

方法	N1_3				N2_1	N3_3
	CRA	RMSE/h	MRE	MAE/h	CRA	CRA
SVM-HDTM	0.8787	—	—	—	0.9421	0.5562
APM	0.9362	—	—	—	0.9608	0.7790
WPHM	—	12.6996	0.2869	9.3600	—	—
HG-RNN	—	0.2312	0.1894	—	—	—
本章所提方法	0.9682	0.2122	0.0318	0.1346	0.9744	0.9776

8.3.2　实验验证二

案例一中的轴承处于相同的运行工况，其退化行为虽有差异但仍具有较大的相似性。为了进一步验证本章所提方法的适应性与优越性，本节使用第二组实验案例展开分析。该实验台结构与案例一不同，实验轴承也不同。此外还进行了不同工况下的实验数据采集。由此可更为充分地对本章所提方法的适用性进行验证分析。

1. 性能退化数据

图 8.8 展示了滚动轴承性能退化实验台。该实验数据由文献[10]公开，更多详细信息可参考该文献。实验共设置了三种工况。工况一：转速 1800r/min，载荷 4000N。工况二：转速 1650r/min，载荷 4200N。工况三：转速 1500r/min，载荷 5000N。在实验过程中，采样率设定为 25.6kHz，每隔 10s 采集一次数据，每次采样 2560 点(0.1s)。每种工况各选取一个轴承展开分析，工况 1 轴承(B1)共采集了 2803 组数据，工况 2 轴承(B2)共采集了 911 组数据，工况 3 轴承(B3)共采集了 1637 组数据。本节基于这些全寿命周期性能退化数据验证本章所提方法。

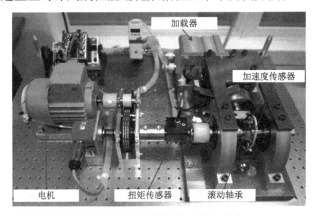

图 8.8　滚动轴承性能退化实验台

同样提取原始状态监测数据的均方根值，并经 sigmoid 激活函数归一化，作为性能退化指标。图 8.9 展示了前述三个轴承退化后期的特征演变曲线。从图中可以看出，由于运行工况不同，不同轴承健康状态及最终失效时刻的特征幅值水平也不同，且退化演变行为存在显著差异。若仅使用单一的机理驱动预测方法，或者仅应用这些少量样本进行数据驱动预测，对预测精度的提升是个较大的挑战。下面将通过对比分析，验证本章所提方法的优越性。

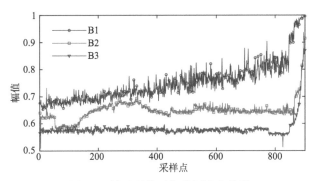

图 8.9　轴承退化后期特征演变曲线

2. 验证分析

本节使用与 8.3.1 节相同的预训练机理-数据双驱动网络。获得预训练网络后,使用测试数据与其进行联合动态匹配,图 8.10 展示了测试轴承 B1 第 1 个预测时刻各网络模型动态匹配指标。图中局部放大图的圆圈标记位置即为与当前测试数据最为匹配的网络模型序号,随后将当前时刻的测试数据输入该模型,即可获得对应的 RUL 预测值。后续所有时刻都可重复进行该操作,即可获得连续的 RUL 预测结果。

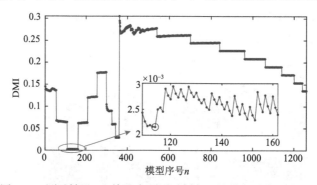

图 8.10　测试轴承 B1 第 1 个预测时刻各网络模型动态匹配指标

图 8.11 展示了不同轴承 RUL 预测结果的对比。从图中可以看出,本章所提方法对每个轴承的预测结果都与真实 RUL 非常接近,精度较高。表明本章所提方法不受运行工况的影响,其综合机理驱动的样本多样性和数据驱动的高可靠性,获得了优异的预测结果。

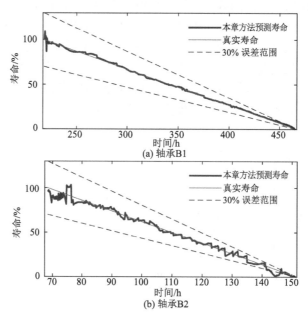

(a) 轴承 B1

(b) 轴承 B2

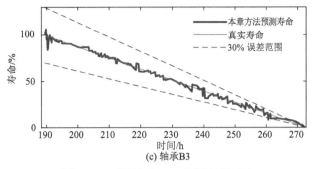

(c) 轴承B3

图 8.11　不同轴承 RUL 预测结果对比

为了进一步验证本章所提方法的优越性，将其与一些最先进的预测方法进行比较，如 MFELM[11]、SG-TCN[12]、TSDDD[13]、DRM[14]、DWP-MCA[15]、MSFE-CNN[16]。值得注意的是，这些方法的 RUL 标签单位并不统一，有些是标准化的，有些以分钟为单位，有些以小时为单位。为了便于比较，根据实际情况在此进行了统一处理。表 8.2 中的预测评价指标具体显示了本章所提方法的高预测精度。从表 8.2 可以看出，对于每个测试轴承，本章所提方法的 RMSE、MRE 和 MAE 评估指标具有显著的最低值，大多数 CRA 指标具有显著的最高值。只有 B1 轴承的 CRA 指标略低于比较方法的 CRA 值。这表明本章所提方法具有良好的预测性能。此外，对比方法没有分析所有轴承，而本章所提方法分析了所有轴承。因此，本章所提方法的有效性和优越性得到了充分验证。

表 8.2　不同预测方法的评价指标对比

轴承	指标	方法						
		MFELM	SG-TCN	TSDDD	DRM	DWP-MCA	MSFE-CNN	本章所提方法
B1	CRA	0.9659	—	—	0.9452	—	—	0.9397
	RMSE/min	—	21.7	—	—	—	26.3	3.2315
	MRE	—	—	0.02	—	0.04	0.623	0.0603
	MAE/min	—	16.4	—	—	—	21.4	2.2539
B2	RMSE/min	—	17.5	—	—	—	25.8	2.8249
	MRE	—	—	0.22	—	0.31	0.601	0.1008
	MAE/min	—	15.4	—	—	—	21.5	2.0016
B3	RMSE/min	—	21.7	—	—	—	27.1	1.8308
	MRE	—	—	—	—	—	52.8	0.0875
	MAE/min	—	19.4	—	—	—	23.1	1.3092

注：除了本章所提方法，其他预测方法未分析轴承 B2 和 B3 的 CRA 指标。

　　本章提出一种新的基于机理-数据协同驱动双路径深度学习的滚动轴承 RUL 预测方法，以适应大容量样本的学习与预测，构建了可扩展的线性-非线性两阶段复合模型作为机理驱动路径。建立的模型可表示多种退化行为，充分考虑了由内外部因素导致的退化行为多样性，提高了预测方法的适应性。训练 LSTM 预测网络作为数据驱动路径，掌握了个体退化演变规律，实现了退化数据与 RUL 的映射表征。以新建立的动态匹配指标联合模型驱动与数据驱动两条路径，实现信息的交互融合及寿命预测。使用两组不同实验台的全寿命周期性能退化数据进行分析，并与最新的 RUL 预测方法对比，结果表明本章所提方法综合机理驱动的样本多样性和数据驱动的高可靠性，具有更高的预测精度。

参 考 文 献

[1] Hochreiter S, Schmidhuber J. Long short-term memory[J]. Neural Computation, 1997, 9(8): 1735-1780.

[2] Wang X, Cui L L, Wang H Q. Remaining useful life prediction of rolling element bearings based on hybrid drive of data and model[J]. IEEE Sensors Journal, 2022, 22(17): 16985-16993.

[3] Wang B, Lei Y G, Li N P, et al. A hybrid prognostics approach for estimating remaining useful life of rolling element bearings[J]. IEEE Transactions on Reliability, 2020, 69(1): 401-412.

[4] Mao W T, He J L, Zuo M J. Predicting remaining useful life of rolling bearings based on deep feature representation and transfer learning[J]. IEEE Transactions on Instrumentation and Measurement, 2020, 69(4): 1594-1608.

[5] Saxena A, Celaya J, Balaban E, et al. Metrics for evaluating performance of prognostic techniques[C]. International Conference on Prognostics and Health Management, Denver, 2008: 1-17.

[6] Yan M M, Wang X G, Wang B X, et al. Bearing remaining useful life prediction using support vector machine and hybrid degradation tracking model[J]. ISA Transactions, 2020, 98: 471-482.

[7] Ahmad W, Ali Khan S, Kim J M. A hybrid prognostics technique for rolling element bearings using adaptive predictive models[J]. IEEE Transactions on Industrial Electronics, 2018, 65(2): 1577-1584.

[8] Qiu G Q, Gu Y K, Chen J J. Selective health indicator for bearings ensemble remaining useful life prediction with genetic algorithm and Weibull proportional hazards model[J]. Measurement, 2020, 150: 107097.

[9] Li X Q, Jiang H K, Xiong X, et al. Rolling bearing health prognosis using a modified health index based hierarchical gated recurrent unit network[J]. Mechanism and Machine Theory, 2019, 133: 229-249.

[10] Nectoux P, Gouriveau R, Medjaher K, et al. PRONOSTIA: An experimental platform for bearings accelerated life test[C]. IEEE International Conference on Prognostics and Health Management, Denver, 2012: 1-8.

[11] Pan Z Z, Meng Z, Chen Z J, et al. A two-stage method based on extreme learning machine for predicting the remaining useful life of rolling-element bearings[J]. Mechanical Systems and Signal Processing, 2020, 144: 106899.

[12] Li P H, Liu X Z, Yang Y H. Remaining useful life prognostics of bearings based on a novel spatial graph-temporal convolution network[J]. Sensors, 2021, 21(12): 4217.

[13] Wu J, Wu C Y, Cao S, et al. Degradation data-driven time-to-failure prognostics approach for rolling element bearings in electrical machines[J]. IEEE Transactions on Industrial Electronics, 2019, 66(1): 529-539.

[14] Ahmad W, Khan S, Islam M, et al. A reliable technique for remaining useful life estimation of rolling element bearings using dynamic regression models [J]. Reliability Engineering & System Safety, 2019, 184: 67-76.

[15] Cheng Y W, Zhu H P, Hu K, et al. Reliability prediction of machinery with multiple degradation characteristics using double-Wiener process and Monte Carlo algorithm[J]. Mechanical Systems and Signal Processing, 2019, 134: 106333.

[16] Li X, Zhang W, Ding Q. Deep learning-based remaining useful life estimation of bearings using multi-scale feature extraction[J]. Reliability Engineering & System Safety, 2019, 182: 208-218.